高等学校电子与通信类专业“十一五”规划教材

信号与系统实训指导

(MATLAB 版)

杜晶晶　金学波　编著
秦会斌　　　　　主审

西安电子科技大学出版社

2009

内 容 简 介

本书结合信号与系统分析的基本理论和方法，选取很多实例，以加强读者对相关知识点的理解。本书所选实例涉及电子电路、生物系统、信号处理等不同的工程领域。例如书中对RLC电路、兔子繁殖、回声消除、人体药物吸收代谢、汽车运动、离散全通系统、倒立摆、贷款差额系统、电话的拨号音等实际应用问题进行信号与系统分析，利用MATLAB语言得到这些问题的计算机解。本书通过这些实例展示了信号与系统课程中相关知识点的实质。

本书可作为本科电子信息工程、通信工程、电子信息科学与技术和计算机类有关专业信号与系统课程的实训教材，也可供从事电子信息类工作的科技人员参考，同时也可供读者自学。

图书在版编目(CIP)数据

信号与系统实训指导(MATLAB版)/杜晶晶，金学波编著.
—西安：西安电子科技大学出版社，2009.8
高等学校电子与通信类专业“十一五”规划教材
ISBN 978-7-5606-2267-5

Ⅰ. 信…　Ⅱ. ① 杜…　② 金…　Ⅲ. 信号系统—高等学校—教学参考资料　Ⅳ. TN911.6

中国版本图书馆CIP数据核字(2009)第082138号

策　　划　毛红兵
责任编辑　段　蕾　毛红兵
出版发行　西安电子科技大学出版社(西安市太白南路2号)
电　　话　(029)88242885　88201467　邮　编　710071
网　　址　www.xduph.com　电子邮箱　xdupfxb001@163.com
经　　销　新华书店
印刷单位　陕西天意印务有限责任公司
版　　次　2009年8月第1版　2009年8月第1次印刷
开　　本　787毫米×1092毫米　1/16　印张　7.25
字　　数　163千字
印　　数　1～4000册
定　　价　11.00元
ISBN 978-7-5606-2267-5/TN·0514

XDUP　2559001-1

前　言

信号与系统是信息类学科的一门重要专业基础课，该课程的特点是理论抽象，数学分析多，公式推导复杂，学习难度较大。近年来，随着计算机技术的发展，MATLAB 软件被引入到信号与系统的教学和研究中来。MATLAB 软件通俗易用，具有强有力的科学计算能力和绘图功能，能够在信号与系统的教学和研究中实现手段与内容的互补。用 MATLAB 分析和处理信号与系统中的理论问题，既可以生动地演示以往枯燥的理论知识，又可以让学生更深入地了解 MATLAB 语言及其编程技巧，锻炼并提高其运用所学理论知识及软件工具解决实际问题的能力，得到事半功倍的效果。

本书共 6 章，按照信号与系统的基本概念、信号与系统的时域分析、信号与系统的频域分析、信号与系统的复频域分析和信号与系统的 Z 域分析的顺序组织理论知识和实训内容，并结合信号与系统分析的基本理论和方法选取了很多实例，以加强读者对相关知识点的理解。书中所选实例涉及电子电路、生物系统、信号处理等不同的工程领域，例如 RLC 电路、兔子繁殖、回声消除、人体药物吸收代谢、汽车运动、离散全通系统、倒立摆、贷款差额系统、电话的拨号音等。本书通过这些实例展示了信号与系统课程相关知识点的实质，在介绍信号与系统理论分析方法的同时，利用 MATLAB 语言得到计算机解。

本书由杜晶晶和金学波编写，由杜晶晶统稿，金学波进行了大部分实训例题的计算机实现。例题和习题中需要的函数或数据文件可以在西安电子科技大学出版社的网站上下载，网址为 www.xduph.com。

本书可作为本科电子信息工程、通信工程、电子信息科学与技术和计算机类有关专业信号与系统课程的实训教材，也可供从事电子信息类工作的科技人员参考，同时也可供读者自学。

由于编者水平有限，书中的错误和不妥之处，恳请读者不吝指正。

编　者

2009 年 5 月

目　录

第1章 信号与系统的基本概念

本章介绍信号与系统的基本概念以及用MATLAB分析和处理信号与系统基本问题所需的准备知识。1.1节介绍用MATLAB分析信号与系统时用到的一些主要的基础知识，1.2节介绍用MATLAB表示一些常见的离散信号，1.3节介绍用MATLAB表示一些常见的连续信号，1.4节介绍用MATLAB进行信号自变量的变换，1.5节介绍用MATLAB分析系统性质。

1.1 MATLAB的基础知识

用MATLAB分析和处理信号与系统问题时，经常会涉及到数据的表示和运算、数据的输入和输出以及波形的绘制等问题，下面就简要介绍一下处理这些问题所需的MATLAB基础知识。

1.1.1 数据的表示和运算

MATLAB中，变量可以通过表达式直接赋值，例如直接输入

```
>> a=2+2
```

得到的结果为

```
a=4
```

如果输入的表达式后面加上分号"；"，那么结果就不会显示出来。由于MATLAB的变量名对字母大小写敏感，因此"a"和"A"是两个不同的变量名。

MATLAB主要用到以下数值运算符：

+　加

-　减

*　乘

/　除

^　乘方(幂)

'　(矩阵)转置

这些符号可以对数值或已经定义过的变量进行运算，并给变量直接赋值。例如，假设变量"a"在上面已经定义过，则

```
>> b=2*a
```
得到的结果为
```
b=8
```
MATLAB 中有一些预定义的变量可以直接使用。信号与系统中常用的变量有：

i 或 j　　$\sqrt{-1}$

pi　　π(3.14159…)

在信号与系统中，常用以下函数进行计算和对变量赋值：

abs　　数值的大小(实数的绝对值)

angle　　复数的角度，以弧度表示

real　　求复数的实部

imag　　求复数的虚部

cos　　余弦函数，假设角度是弧度值

sin　　正弦函数，假设角度是弧度值

exp　　指数函数

sqrt　　求平方根

例如：
```
>>y=2*(1+4*i)
y=2.0000 + 8.0000i
>>c=abs(y)
c=8.2462
>>d=angle(y)
d=1.3258
```

1.1.2　矩阵的表示和运算

MATLAB 是基于矩阵和向量的代数运算，甚至标量也可以看做是 1×1 的矩阵，因此，MATLAB 中对矩阵和向量的操作比较简单。

向量可以用两种方法定义。第一种是指定元素建立向量：
```
v = [1 3 5 7];
```
这个命令创建了一个 1×4 的行向量，元素为 1，3，5 和 7。可以用逗号代替空格来分隔元素：
```
v = [1, 3, 5, 7];
```
如果要增加向量的元素，可以表示为
```
v(5) = 8;
```
得到的向量为 v=[1 3 5 7 8]。前面定义过的向量还可以用来定义新的向量，例如，前面已经定义过向量 v，再定义向量 a 和 b：
```
a = [9 10];
b = [v a];
```
得到向量 b 为

b = [1 3 5 7 8 9 10]

第二种定义方法是用等间隔元素建立向量，例如：

t = 0 : .1 : 10;

这个命令创建了一个 1×101 的向量，元素为 0，0.1，0.2，0.3，…，10。这个表达式中，前面的数字表示初值，后面的数字表示终值，中间的数字表示增量。如果只给出两个数字，那么表示增量为 1，例如：

t = 0 : 10;

这个命令创建了一个 1×11 的向量，元素为 0，1，2，3，…，10。

函数 linspace 和 logspace 也用于创建向量。函数 linspace 的格式为

x=linspace(a, b, n)

其中，a 表示初值，b 表示终值，n 指定元素个数，默认 n 为 100，x 是 $1\times n$ 的线性等间隔分布的向量。例如：

x=linspace(0, 10, 101);

这个命令创建的向量 x 与命令 t = 0 : .1 : 10 的结果是相同的。函数 logspace 的格式为

x=logspace(a, b, n)

其中，a 表示向量初值为 10^a，b 表示终值为 10^b，n 指定元素个数，默认 n 为 50，x 是 $1\times n$ 的向量，这 n 个元素取以 10 为底的对数后在[a, b]间等间隔分布。这个函数常用于频率响应分析中产生频率变量的采样点。例如：

x=logspace(−2, 1, 10);

这个命令创建了一个 1×10 的向量，元素为 0.0100，0.0215，0.0464，0.1000，0.2154，0.4642，1.0000，2.1544，4.6416，10.0000。这些元素的以 10 为底的对数在−2 和 1 之间等间隔分布。

矩阵可以通过输入行列元素获得：

M = [1 2 4; 3 6 8];

得到的矩阵为

```
M=1.00    2.00    4.00
  3.00    6.00    8.00
```

矩阵特定位置的元素可以通过下面的命令赋值：

M(1, 2) = 5;

这个命令给矩阵 M 的第 1 行、第 2 列元素赋值为 5，结果为

```
M=1.00    5.00    4.00
  3.00    6.00    8.00
```

用下面的几个命令可以定义一些特殊的矩阵：

M = [ ];	空矩阵
M = zeros(n, m);	$n\times m$ 的 0 矩阵
M = ones(n, m);	$n\times m$ 的 1 矩阵
M = eye(n);	$n\times n$ 的单位阵

在 1.1.1 节给出的操作和函数也可以用于向量和矩阵。例如：

a = [1 2 3];

```
b = [4 5 6];
c = a + b
```

得到的结果为

```
c = 5.00     7.00     9.00
```

函数也可以用于向量元素。例如：

```
t = 0 : 10;
x = cos(2 * t);
```

得到向量 x 的元素等于 cos(2t)的值，其中 t=0，1，2，3，…，10。

如果运算是元素对元素逐项进行的，需要在 1.1.1 节给出的一些运算符前面加一个“.”。例如，要得到 $x(t)=t\cos(t)$，即在指定的 t 向量下求对应的向量 x，不能直接把向量 t 和向量cos(t)相乘，而是要把它们对应的元素逐个相乘：

```
t = 0 : 10;
x = t. * cos(t);
```

要得到向量或矩阵的规模可以用下面这两个函数：

[r, c]=size(A)	r、c 分别为矩阵 A 的行数和列数
n=length(b)	n 为向量 b 的长度

1.1.3 数据的输入和输出

数据文件的读取和存储用 load 命令和 save 命令，常用的格式如下：

load my. mat	可调用由 MATLAB 产生的文件名为 my. mat 的数据文件
load data. txt	可调用 . txt 数据文件，并生成与文件名同名的变量
save my t y	把变量 t 和 y 保存为名为 my. mat 的二进制文件
save data. txt t y -ascii	把变量 t 和 y 保存为名为 data. txt 的 8 位 ASCII 文件。

1.1.4 波形的绘制

在信号与系统分析中，我们经常需要绘制波形图，这些图一般是二维的。MATLAB 具有强大的绘图功能，为我们提供了丰富的绘图函数。例如：

plot	绘制曲线图
stem	绘制杆图
hold on	保留当前图形及坐标的全部属性
hold off	恢复图形设置缺省值
grid on	画网格线
grid off	去掉网格线
subplot(m, n, p)	将当前窗口分成 $m \times n$ 个子图，并选择在其中第 p 个上绘图
figure	创建图形窗口

合理的标注可以使图形更加有说服力，MATLAB 还提供了丰富的标注用函数。例如：

title	图形顶部加标题
xlabel	横轴标注

ylabel	纵轴标注
legend	在右上角建立一个图例说明盒
axis	确定坐标轴刻度范围
text	在图中特定位置标注

这些函数的具体使用方法可以参考 MATLAB 的书籍、手册或帮助文件。

1.1.5 M 文件

M 文件是大量 MATLAB 命令的集合，它以文本文件的形式存储，文件名的后缀是“.m”。M 文件可以是一个有输入、输出变量的函数，也可以是一系列的命令脚本。利用 M 文件，可以把命令脚本保存下来，在今后使用的时候修改或调用这些文件，不用再重新键入所有的命令，大大提高效率，而且使排除错误更加容易。MATLAB 要求 M 文件必须保存在工作目录或指定的目录下。

下面实现一个函数的 M 文件。在工作目录下创建一个文件名为 yplusx.m 的 M 文件，它将包含以下命令：

```
function z = yplusx(y, x)
z = y + x;
```

调用 yplusx 函数的命令如下：

```
z = yplusx(2, 3)
```

结果为

```
z = 5
```

利用矩阵和向量形式写的 M 文件效率比较高。循环和 if 语句也可以在 M 文件中使用，但是计算的效率较低，所以要慎重使用。下面列举一个 for 循环的例子：

```
for k=1:10,
    x(k) = cos(k);
end
```

这个例子创建一个向量 x，该向量包含 k 从 1 到 10 的余弦值。这个操作和下面命令的结果一样：

```
k=1:10;
x = cos(k);
```

但是这个命令用向量的函数代替循环，效率更高。

if 语句可以用来定义条件语句，例如：

```
if(a <= 2),
    b = 1;
elseif(a >=4)
    b = 2;
else
    b = 3;
end
```

在 if 语句中可以使用的关系运算符有：<，>，==，<=，>=和~=。

一些 M 文件需要使用者给出变量值，这是使用带有询问提示的输入命令 input 实现的。例如：

```
T = input('Input the value of T: ')
```

这个命令可以让使用者输入不同的 T 值。当 M 文件运行时，引号内的文字将显示在命令窗口，用户必须键入合适的值，然后回车运行程序。

如果 M 文件运行中间需要暂停，可以使用 pause 命令使程序暂停，然后敲任意键继续执行。

1.1.6 其他常用的 MATLAB 命令

在后面几章中，还会用到下面几个命令，在这里简单列举一下：

who	列出内存中的变量名
whos	列出内存中变量的详细信息
clc	清除命令窗口
clear	清除内存变量和函数
clf	清除图形窗口
sound	对声音进行回放
help	在线帮助

以上介绍的是信号和系统分析中所需的 MATLAB 基础知识，对于信号和系统分析中用到的专门函数，我们会在后续各章节做相应的介绍。如果对 MATLAB 的相关内容不熟悉，可以通过 MATLAB 的相关书籍、手册或帮助文件学习并掌握这些函数的使用。

1.2 基本离散时间信号及其 MATLAB 表示

离散时间信号在时间上是离散的，只在某些不连续的规定瞬时给出函数值，在其他时间没有定义，简称为离散信号或序列。一般情况下，给出函数值的离散时刻的间隔是均匀的。用数学表达式描述离散信号时，以整数序号 n 为自变量，函数符号写做 $x(n)$。

在 MATLAB 中，离散信号用一个行向量或一个列向量表示。在 MATLAB 中向量是从 1 开始编号的，即 $x(1)$是 x 向量的第 1 个元素。在表示信号或信号运算时，如果这些编号与所需要的信号标号不能对应，可以创建另外一个标号向量，使信号的标号与实际情况一致。MATLAB 软件具有强大的绘图功能，可以用 MATLAB 中的函数表示离散信号并绘制出离散信号的波形。下面介绍基本的离散信号和它们的 MATLAB 表示。

1. 单位阶跃序列

单位阶跃序列的函数表达式为

$$u(n) = \begin{cases} 1 & (n \geqslant 0) \\ 0 & (n < 0) \end{cases} \tag{1.1}$$

用 MATLAB 中的全 0 矩阵函数 zeros(1, N)和全 1 矩阵函数 ones(1, N)可以表示出单位阶跃序列。MATLAB 只能表示有限长的序列，对于单位阶跃序列这样的无限长序列可以取一个有限长的范围，把这个范围内的信号表示出来。

例 1-1 绘制单位阶跃序列 $u(n)$ 的波形。

解：MATLAB 程序如下：

```
n=[-2:10];
un=[zeros(1, 2) ones(1, 11)];
stem(n, un);
xlabel('n'); ylabel('u(n)');
grid on;
axis([-2 10 -0.2 1.2])
```

运行结果如图 1-1 所示。

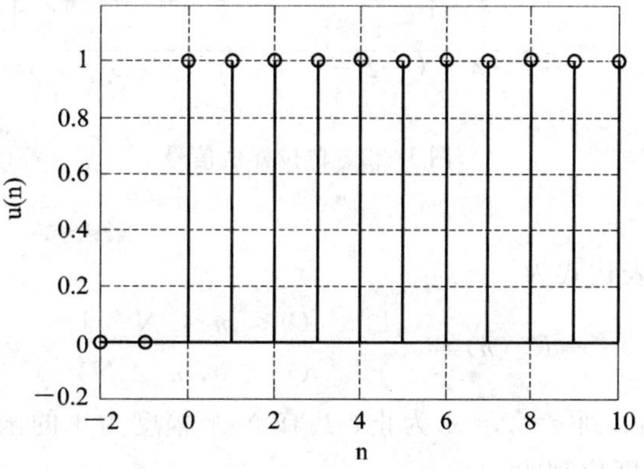

图 1-1　单位阶跃序列

根据单位阶跃序列的特点，还可以用 MATLAB 中的关系运算符“>=”来实现这个序列，将例 1-1 程序中的第 2 行语句换成关系运算语句“un=(n>=0)”即可。语句“un=(n>=0)”的返回值是由“0”和“1”组成的向量，当 $n\geqslant 0$ 时，返回值为“1”；当 $n<0$ 时，返回值为“0”。程序运行结果与例 1-1 相同。需要注意的是，这种方法得到的“un”是一个由逻辑量组成的向量，在数值计算时需要变换成数值型的向量。

2. 单位样值信号

单位样值信号的函数表达式为

$$\delta(n)=\begin{cases}1 & (n=0)\\ 0 & (n\neq 0)\end{cases} \tag{1.2}$$

MATLAB 中的全 0 矩阵函数 zeros(1, N)可以用来实现单位样值信号。MATLAB 中的关系运算符“==”也可以实现这个序列。

例 1-2 绘制单位样值信号 $\delta(n)$ 的波形。

解：MATLAB 程序如下：

```
n=[-5:5];
xn=[zeros(1, 5) 1 zeros(1, 5)];
stem(n, xn);
xlabel('n'); ylabel('\delta(n)');
```

```
grid on;
axis([-5 5 -0.2 1.2])
```

运行结果如图 1-2 所示。

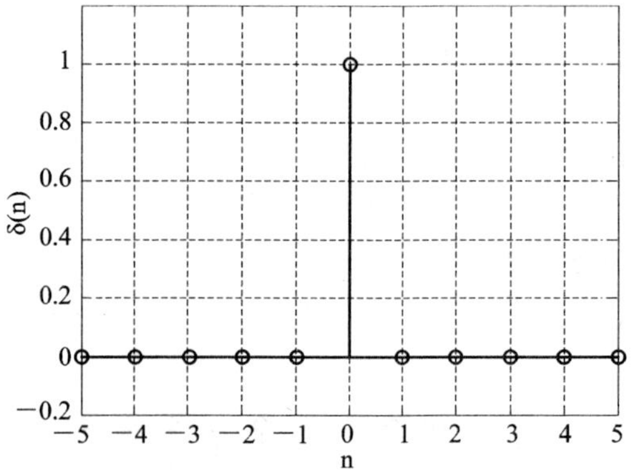

图 1-2 单位样值信号

3. 矩形序列

矩形序列的函数表达式为

$$R_N(n)=\begin{cases}1 & (0\leqslant n\leqslant N-1)\\ 0 & (n<0,\ n\geqslant N)\end{cases} \tag{1.3}$$

矩形序列从 $n=0$ 开始，到 $n=N-1$ 为止，共有 N 个幅度为 1 的函数值，其余各点数值为 0。矩形序列可以用阶跃序列表示为

$$R_N(n)=u(n)-u(n-N) \tag{1.4}$$

所以，用 MATLAB 表示矩形序列的方法可以参考阶跃序列的表示方法。

例 1-3 绘制矩形序列 $R_6(n)$的波形。

解： MATLAB 程序如下：

```
n=[-2:10];
rn=[zeros(1, 2) ones(1, 6) zeros(1, 5)];
stem(n, rn);
xlabel('n'); ylabel('R_6(n)');
grid on;
axis([-2 10 -0.2 1.2])
```

运行结果如图 1-3 所示。

为了使用方便，可以把单位阶跃序列做成一个函数，存在名为 un.m 的 M 文件中，在其他程序中可以调用该函数。函数为

```
function y=un(n)
y=(n>=0);
```

要用上述函数表示矩形序列 $R_6(n)$，可以把例 1-3 程序中的第 2 行语句写成

```
rn=un(n)-un(n-6);
```

程序运行结果与例 1-3 相同。

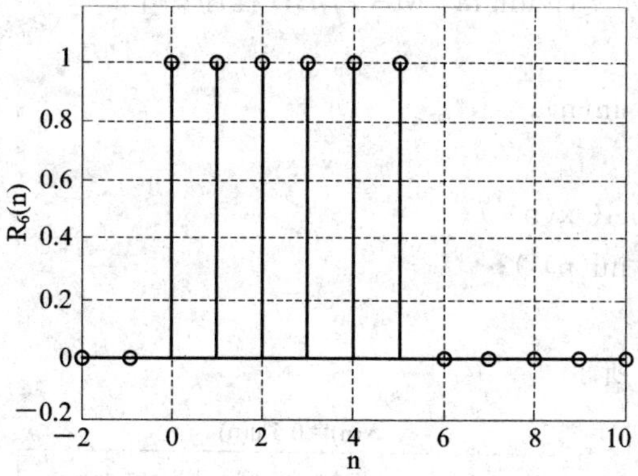

图 1-3　矩形序列

4. 斜变序列

斜变序列的函数表达式为

$$x(n) = nu(n) \tag{1.5}$$

例 1-4　绘制 $0 \leqslant n \leqslant 5$ 范围内的斜变序列的波形。

解：设已经创建了 M 文件 un.m，MATLAB 程序如下：

```
n=[-2:5];
xn=n.*un(n);
stem(n, xn);
xlabel('n'); ylabel('x(n)');
title('x(n)=nu(n)');
grid on;
```

运行结果如图 1-4 所示。

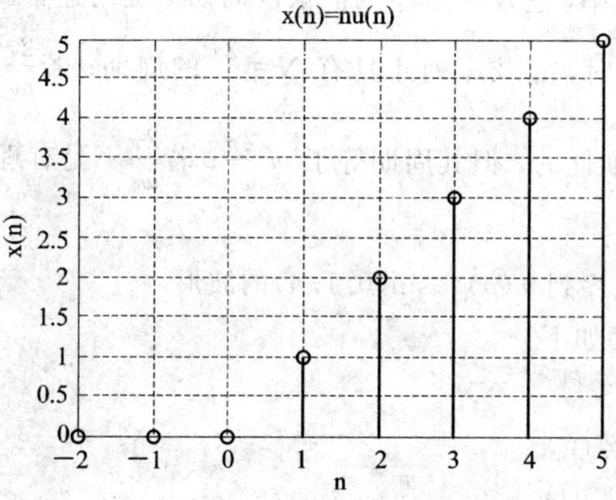

图 1-4　斜变序列

5. 单边指数序列

单边指数序列的函数表达式为

$$x(n) = a^n u(n) \tag{1.6}$$

例 1-5　绘制 $0 \leqslant n \leqslant 10$ 范围内的单边指数序列 $x(n)=0.5^n u(n)$ 的波形。

解：设已经创建了 M 文件 un.m，MATLAB 程序如下：

```
n=[-2:10];
xn=(0.5).^n.*un(n);
stem(n, xn);
xlabel('n'); ylabel('x(n)');
title('x(n)=0.5^nu(n)');
grid on;
```

运行结果如图 1-5 所示。

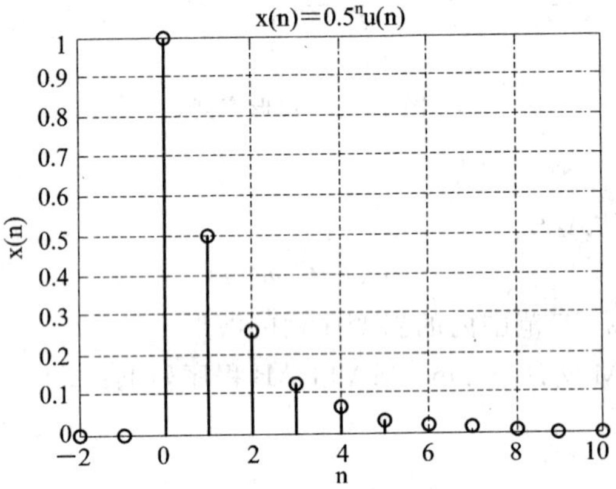

图 1-5　指数序列

6. 正弦序列

正弦序列的函数表达式为

$$x(n)=\sin(n\omega_0) \tag{1.7}$$

式中 ω_0 是正弦序列的频率，它反映了序列值依次周期重复的速率。正弦序列不一定是周期函数。只有 $\frac{2\pi}{\omega_0}$ 为整数 N 时，正弦序列才具有 $N=\frac{2\pi}{\omega_0}$ 的周期；若 $\frac{2\pi}{\omega_0}$ 不是整数，而是有理数 $\frac{N}{m}$，则正弦序列还是周期性的，但其周期等于 $m\frac{2\pi}{\omega_0}$；若 $\frac{2\pi}{\omega_0}$ 不是有理数，则正弦序列就是非周期性的。

例 1-6　绘制正弦序列 $x(n)=\sin(0.1\pi n)$ 的波形。

解：MATLAB 程序如下：

```
N=10;
n=[0:4*N-2];
x=sin(0.1*pi*n);
stem(n, x);
title('x(n)=sin(0.1\pin)');
xlabel('n');
ylabel('x(n)');
```

运行结果如图 1-6 所示。

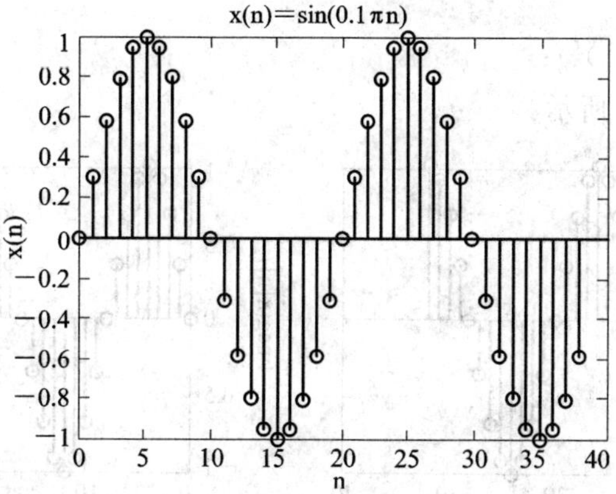

图 1-6　正弦序列

从图 1-6 可以看出，该信号是一个周期信号，周期等于$\frac{2\pi}{\omega_0}=\frac{2\pi}{0.1\pi}=20$。

7. 复指数序列

复指数序列的一般函数表达式为

$$x(n)=|\,x(n)\,|\,e^{j\arg[x(n)]} \tag{1.8}$$

如果$|x(n)|=1$，$\arg[x(n)]=\omega_0 n$，则序列的表达式为

$$x(n)=e^{j\omega_0 n} \tag{1.9}$$

在画序列波形时，可以按直角坐标分别画出复指数序列的实部和虚部的波形，也可以按极坐标分别画出复指数序列的模和相角的波形。

例 1-7　绘制复指数序列 $x(n)=e^{j(\pi/8)n}$ $(0\leqslant n\leqslant 32)$的实部、虚部、模和相角波形。

解： MATLAB 程序如下：

```
n=[0:32];
x=exp(i*(pi/8)*n);
subplot(2, 2, 1);
stem(n, real(x));
xlabel('n');
ylabel('Real(x[n])');
subplot(2, 2, 2);
stem(n, imag(x));
xlabel('n');
ylabel('Imag(x[n])');
subplot(2, 2, 3);
stem(n, abs(x));
xlabel('n');
ylabel('|x[n]|');
subplot(2, 2, 4);
stem(n, angle(x));
```

```
xlabel('n');
ylabel('Arg(x[n])');
```

运行结果如图 1－7 所示。

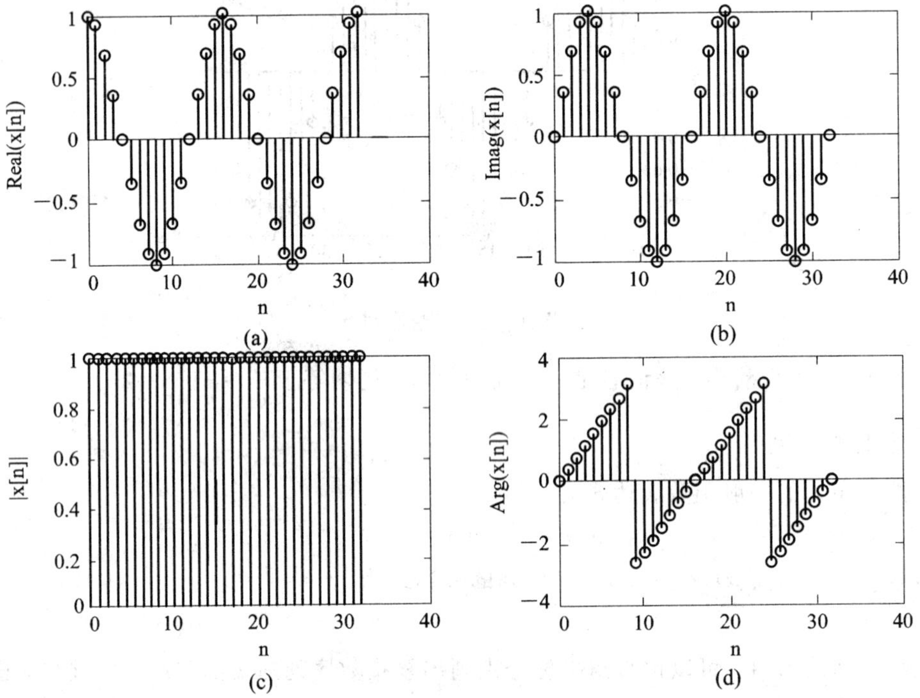

图 1－7　复指数序列

(a) 实部；(b) 虚部；(c) 模；(d) 相角

图 1－7 中分别画出了复指数序列的实部和虚部，以及模和相角。由 angle 产生的值是以弧度计的复数相位，如果想转换成度数，可以用命令 stem(n，angle(x) * (180/pi))。

1.3　基本连续时间信号及其 MATLAB 表示

在所讨论的时间间隔内，除若干不连续点之外，对于任意时间值都可给出确定的函数值，这种信号称为连续时间信号，简称连续信号。我们用 t 表示连续时间自变量，数学表达式写做 $x(t)$。

利用 MATLAB 软件，可以给出连续时间信号 $x(t)$ 的解析式，并画出信号波形。在 MATLAB 中表示连续时间信号有两种方法：一种方法是用 Symbolic Math Toolbox(符号数学工具箱)中的函数进行符号运算；另一种方法是用向量来表示连续信号，这些向量包含了连续信号在时间上依次间隔的样本。值得注意的是，在用向量进行连续信号处理和绘制连续信号波形时，时间增量 Δt 必须取得足够小，以生成平滑的曲线。如果增量选择得太大，则信号值都是以直线连接的，曲线是锯齿状的。下面介绍基本的连续信号和它们的 MATLAB 表示。

1. 指数信号

指数信号的表达式为

$$x(t) = Ke^{\alpha t} \tag{1.10}$$

式中 α 是实数。若 $\alpha>0$，则信号随时间增长；若 $\alpha<0$，则信号随时间衰减；若 $\alpha=0$，则信号成为直流信号。实际上，遇到较多的是衰减的指数信号。

例 1-8 绘制信号 $x(t)=e^{-0.5t}u(t)$ 的波形。

解：MATLAB 程序如下：

```
t=[0:0.01:10];
x=exp(-0.5*t);
plot(t, x);
xlabel('t');
ylabel('x(t)');
title('x(t)=exp(-0.5t)');
grid on
```

运行结果如图 1-8 所示。

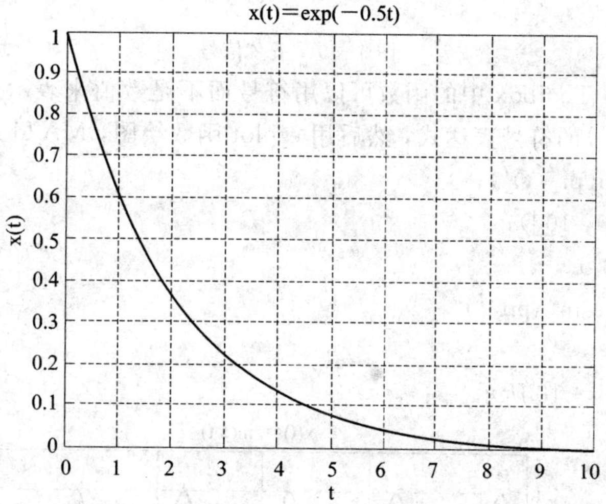

图 1-8 指数信号

2. 正弦信号

正弦信号的表达式为

$$x(t) = K\sin(\omega t + \theta) \tag{1.11}$$

式中：K 为振幅，ω 是角频率，θ 为初相位。

例 1-9 绘制信号 $x(t)=\sin(\pi t)$ 的波形。

解：用向量表示信号时，MATLAB 程序如下：

```
t=[0:0.1:10];
x=sin(pi*t);
plot(t, x);
xlabel('t');
```

```
ylabel('x(t)');
title('x(t)=sin(\pit)')
grid on
```

运行结果如图 1 - 9 所示。

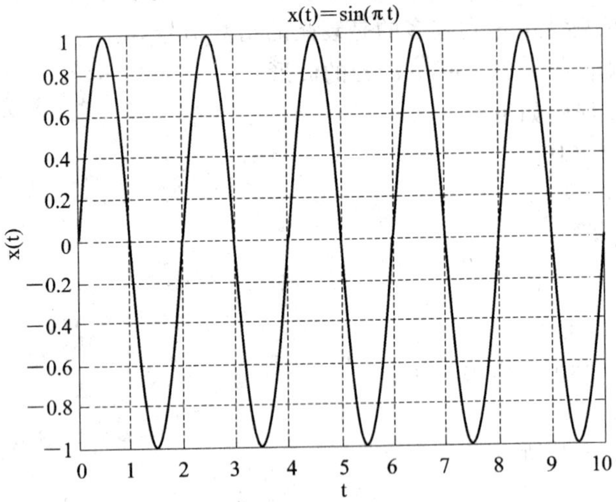

图 1 - 9　正弦信号

Symbolic Math Toolbox 中的函数可以用符号而不是数值来表示连续信号。这种方法用 sym 函数创建信号的符号表达式，然后用 ezplot 函数绘图，MATLAB 程序如下：

```
x=sym('sin(pi * t)');
ezplot(x, [0, 10]);
ylabel('x(t)');
title('x(t)=sin(\pit)')
grid on
```

运行结果如图 1 - 10 所示。

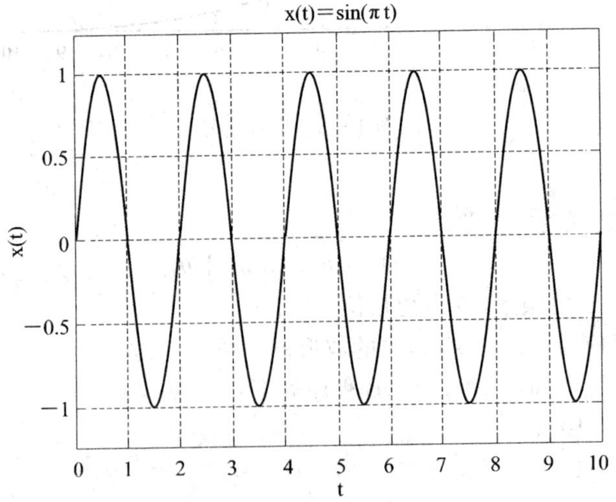

图 1 - 10　正弦信号

ezplot 绘制 $x=x(t)$（图形的默认范围是 $-2\pi<t<2\pi$，如果需要改变绘图范围，可以用命令ezplot（x，[a，b]），这样将会得到 $a<t<b$ 范围内的信号波形。

例 1－10 绘制信号 $x(t)=e^{-0.5t}\sin(\pi t)$ 的波形。

解：用向量表示信号时，MATLAB 程序如下：

```
t=[0:0.01:10];
x=exp(-0.5*t).*sin(pi*t);
plot(t, x);
axis([0 10 -1 1]);
xlabel('t');
ylabel('x(t)');
title('x(t)=exp(-0.5t)sin(\pit)')
grid on
```

运行结果如图 1－11 所示。

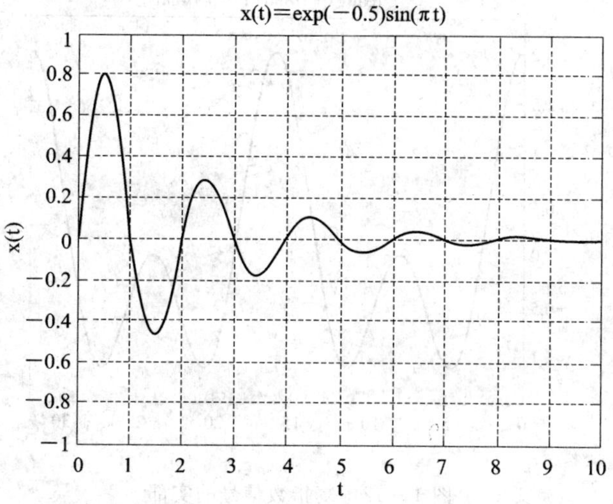

图 1－11 按指数衰减的正弦信号

用符号运算时，MATLAB 程序如下：

```
x=sym('exp(-0.5*t)*sin(pi*t)');
ezplot(x, [0, 10, -1, 1], 1);
grid on
```

如果波形图的横轴和纵轴都需要设定范围，可以用命令 ezplot（x，[xmin，xmax，ymin，ymax]，1），这样将会得到 $x_{min}<t<x_{max}$，$y_{min}<x<y_{max}$ 范围内的信号波形。运行结果与图 1－11 所示的波形相同。

3. 复指数信号

复指数信号的表达式为

$$x(t)=Ke^{st} \tag{1.12}$$

式中，$s=\sigma+j\omega$。用欧拉公式将式(1.12)展开得

$$x(t)=Ke^{(\sigma+j\omega)t}=Ke^{\sigma t}\cos(\omega t)+jKe^{\sigma t}\sin(\omega t) \tag{1.13}$$

与复指数序列一样，复指数信号也需要分别画出实部信号和虚部信号的波形，或者分别画出模和相角的波形。

例 1 - 11 绘制信号 $x(t)=e^{j2\pi t/16}+e^{j2\pi t/8}$ 的实部和虚部波形。

解： 用向量表示信号时，MATLAB 程序与离散复指数序列的类似，这里我们也可以用符号运算，MATLAB 程序如下：

```
x=sym('exp(i*2*pi*t/16)+exp(i*2*pi*t/8)');
xr=compose('real(x)', x);
xi=compose('imag(x)', x);
figure(1)
ezplot(xr, [0, 32]);
figure(2)
ezplot(xi, [0, 32]);
```

运行结果如图 1 - 12 和图 1 - 13 所示。

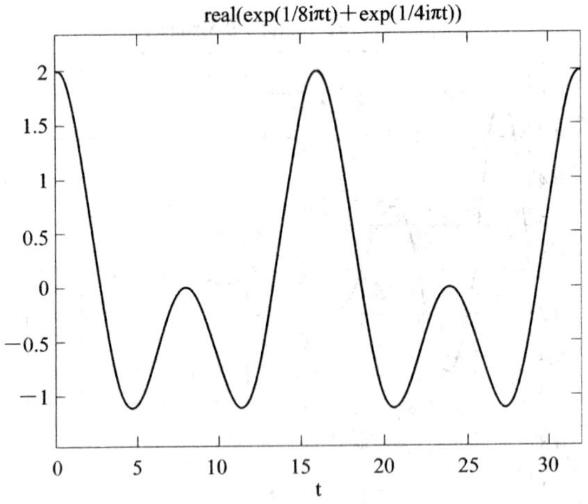

图 1 - 12　复指数信号的实部

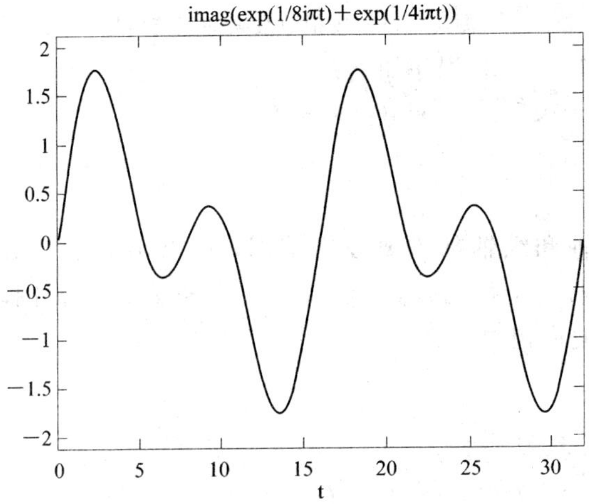

图 1 - 13　复指数信号的虚部

程序中，compose 函数用来创建信号 $x(t)$的实部分量和虚部分量的符号表达式。

4. 抽样信号 Sa(*t*)

抽样信号的表达式为

$$\mathrm{Sa}(t)=\frac{\sin(t)}{t} \tag{1.14}$$

在 MATLAB 中，Signal Processing Toolbox 提供的 sinc 函数定义为

$$\mathrm{sinc}(t)=\frac{\sin(\pi t)}{\pi t} \tag{1.15}$$

在使用这个函数时要注意系数的处理。

例 1-12 绘制信号 $\mathrm{Sa}(t)=\frac{\sin(t)}{t}$的波形。

解：MATLAB 程序如下：

```
t=[-5*pi:pi/100:5*pi];
x=sinc(t/pi);
plot(t, x);
xlabel('t');
ylabel('x(t)');
title('Sa(t)')
grid on
```

运行结果如图 1-14 所示。

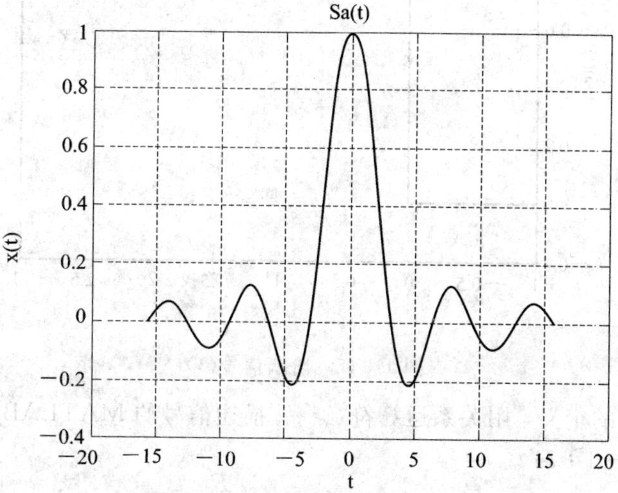

图 1-14 抽样信号 Sa(t)

5. 阶跃信号

阶跃信号的表达式为

$$u(t)=\begin{cases}0 & (t<0)\\ 1 & (t>0)\end{cases} \tag{1.16}$$

在数值计算中可以根据阶跃信号的定义来描述信号，在符号运算中则使用 Heaviside 函数定义阶跃信号的符号表达式。

例 1－13 绘制阶跃信号 $u(t)$的波形。

解：如果只需要绘制阶跃信号的波形，可以用行向量写出信号对应点的数值，MATLAB 程序如下：

```
t1=-1:0.1:0;
x1=zeros(1, length(t1));
t2=0:0.1:3;
x2=ones(1, length(t2));
t=[t1, t2];
ut=[x1, x2];
plot(t, ut)
xlabel('t');
ylabel('u(t)');
axis([-1 3 -0.2 1.2]);
```

画出的波形如图 1－15 所示。

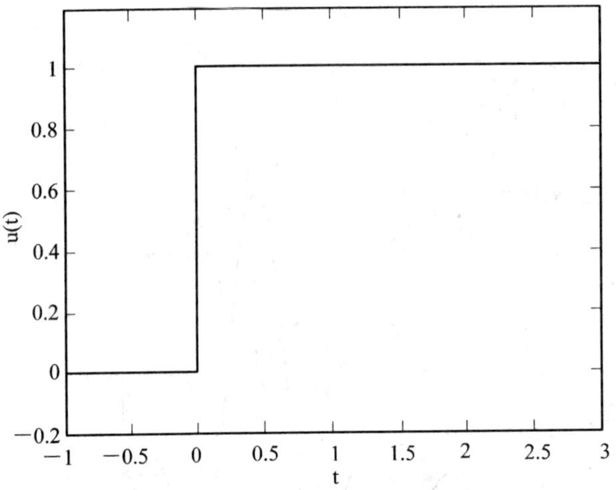

图 1－15　阶跃信号(1)

根据阶跃信号的定义，用关系运算符“>=”描述信号的 MATLAB 程序如下：

```
t=-1:0.01:3;
y=(t>=0);
plot(t, y)
xlabel('t');
ylabel('u(t)');
axis([-1 3 -0.2 1.2]);
```

运行结果如图 1－16 所示。

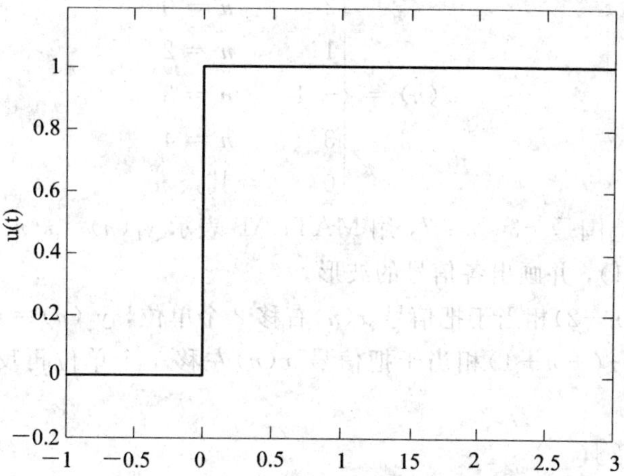

图 1 - 16　阶跃信号(2)

在这个程序中，语句“y=(t>=0)”的返回值是由“0”和“1”组成的向量。当 $t\geqslant 0$ 时，返回值为“1”；当 $t<0$ 时，返回值为“0”。需要注意的是，这种方法得到的“y”是一个由逻辑量组成的向量，在数值计算时需要变换成数值型的向量。

我们可以把写出阶跃信号的过程做成一个函数，存在名为 ut. m 的 M 文件中，这样在以后使用时就可以直接调用了。函数为

```
function y=ut(t)
y=(t>=0);
```

如果用符号运算的方法，MATLAB 程序如下：

```
ut=sym('Heaviside(t)');
ezplot(ut, [-1, 3])
```

这个程序画出的波形与图 1 - 16 相同。

6. 冲激信号

单位冲激信号的定义式为

$$\begin{cases}\delta(t) = 0,\ t \neq 0 \\ \int_{-\infty}^{\infty} \delta(t)\mathrm{d}t = 1\end{cases} \tag{1.17}$$

在 MATLAB 中无法画出冲激信号的图形。在符号运算中用 Dirac 函数定义冲激信号。

1.4　信号自变量的变换

信号自变量的变换主要有时移、反折和尺度。下面就分析两个信号自变量变换的实例。

例 1 - 14　离散信号的定义如下：

$$x(n)=\begin{cases}2 & n=0\\ 1 & n=2\\ -1 & n=3\\ 3 & n=4\\ 0 & 其余\ n\end{cases}$$

定义信号时间变量范围是 $-3\leqslant n\leqslant 7$，用 MATLAB 表示 $y_1(n)=x(n-2)$、$y_2(n)=x(-n)$ 和 $y_3(n)=x(-n+1)$，并画出各信号的波形。

解： $y_1(n)=x(n-2)$ 相当于把信号 $x(n)$ 右移 2 个单位，$y_2(n)=x(-n)$ 相当于把信号 $x(n)$ 反折，$y_3(n)=x(-n+1)$ 相当于把信号 $x(n)$ 左移 1 个单位再反折，MATLAB 程序如下：

```
nx=[-3:7];
x=[zeros(1,3) 2 0 1 -1 3 zeros(1,3)];
subplot(2,2,1);
stem(nx,x);
title('x(n)');
xlabel('n');
ny1=nx+2; % 时移[-1:9]
ny2=-nx; % 反折
ny3=-(nx-1);
y1=x;
y2=x;
y3=x;
subplot(2,2,3);
stem(ny1,y1);
title('y_1(n)=x(n-2)');
xlabel('n');
subplot(2,2,2);
stem(ny2,y2);
title('y_2(n)=x(-n)');
xlabel('n');
subplot(2,2,4);
stem(ny3,y3);
title('y_3(n)=x(-n+1)');
xlabel('n');
```

该程序是通过改变信号向量和时间向量的对应关系来进行自变量的变换的，以 $y_1(n)=x(n-2)$ 为例，将信号 $x(n)$ 向右移动 2 个单位就相当于把时间样本与信号样本的对应位置向右移动 2 个单位，另外两个变换可以进行类似的处理。

各信号的波形如图 1-17 所示。

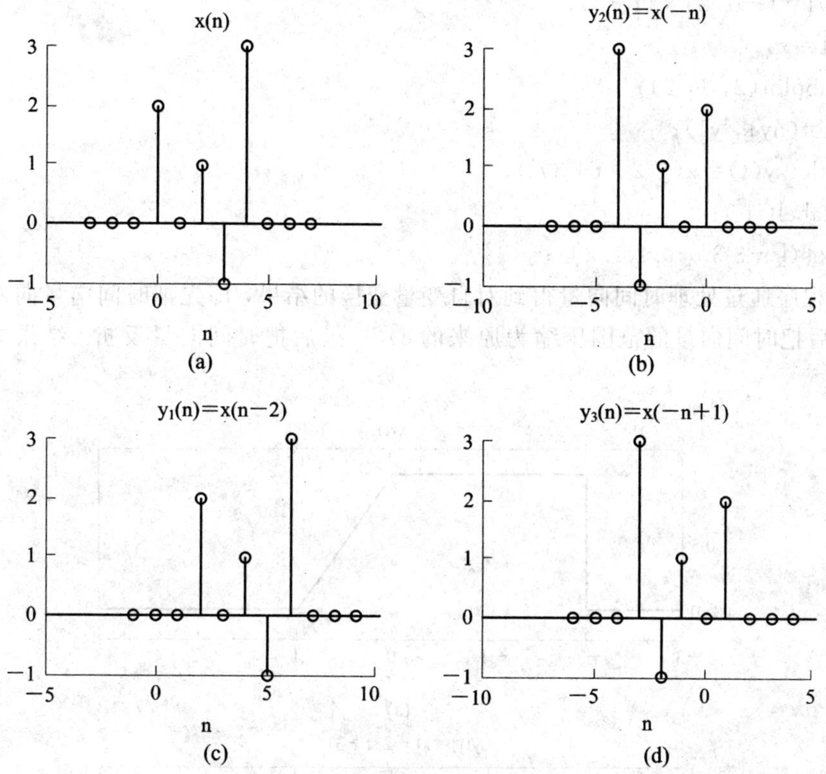

图 1 - 17　信号 $x(n)$的波形

例 1 - 15　连续信号 $x(t)$的波形如图 1 - 18 所示。

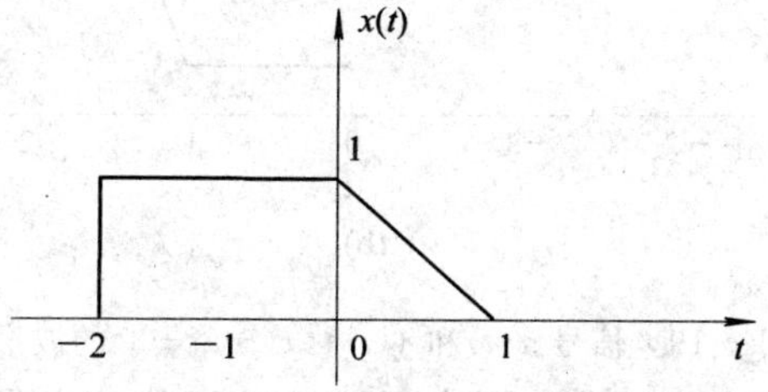

图 1 - 18　连续信号 $x(t)$的波形

用 MATLAB 表示 $y(t)=x(-2t+3)$，并画出各信号的波形。

解：$y(t)=x(-2t+3)$相当于把信号 $x(t)$左移 3 个单位，然后尺度倍乘 2，最后反折，设已经创建了 M 文件 ut. m，MATLAB 程序如下：

```
t=[-3：0.01：3];
x=ut(t+2)-ut(t)+(-t+1).*(ut(t)-ut(t-1));
subplot(2, 1, 1);
plot(t, x);
title('x(t)');
xlabel('t');
axis([-3 3 -0.2 1.2]);
```

```
ny1=(-1/2)*(t-3);
y1=x;
subplot(2, 1, 2);
plot(ny1, y1);
title('y(t)=x(-2*t+3)');
xlabel('t');
axis([-3 3 -0.2 1.2]);
```

这个程序通过处理时间向量得到对自变量变换的结果，即先把时间向量向左移动 3 个单位，然后把时间向量的范围压缩为原来的 1/2，最后把时间向量反折。结果如图 1 - 19 所示。

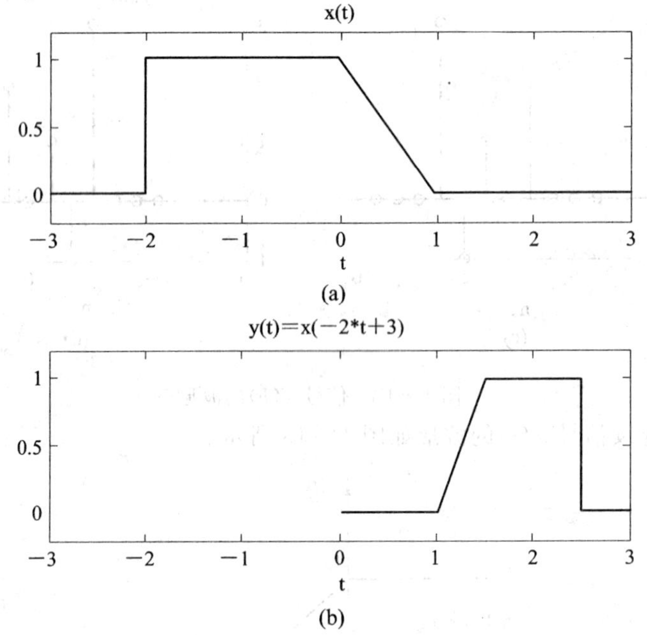

图 1 - 19　信号 $x(t)$ 和 $y(t)=x(-2t+3)$ 的波形(1)

如果把信号 $x(t)$ 写成一个函数，那么可以通过函数的变量替换实现自变量的变换，MATLAB 程序如下：

```
t=[-3:0.01:3];
x=func(t);
y=func(-2*t+3);
subplot(2, 1, 1);
plot(t, x);
title('x(t)');
xlabel('t');
axis([-3 3 -0.2 1.2]);
subplot(2, 1, 2);
plot(t, y);
```

```
title('y(t)=x(-2*t+3)');
xlabel('t');
axis([-3 3 -0.2 1.2]);
```

程序中的函数 func(t)保存在 M 文件 func.m 中，内容如下：

```
function f=func(t)
f=ut(t+2)-ut(t)+(-t+1).*(ut(t)-ut(t-1));
```

结果如图 1-20 所示。

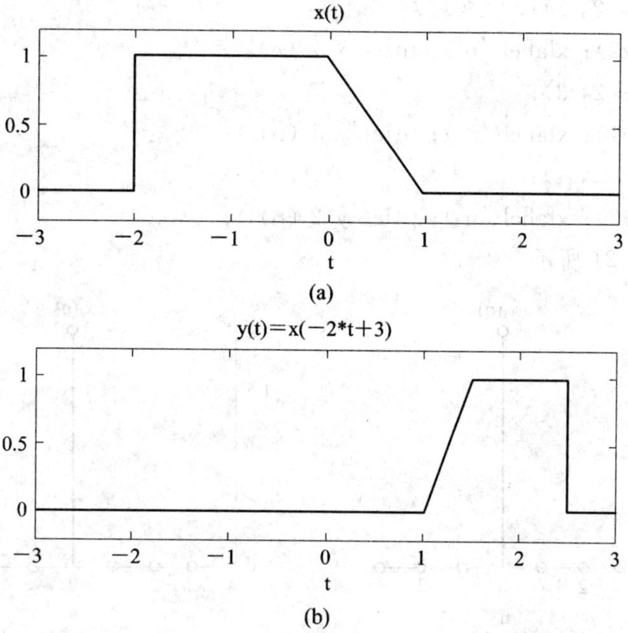

图 1-20　信号 $x(t)$和 $y(t)=x(-2t+3)$的波形(2)

由于第一种方法时间向量的范围压缩为原来的 1/2，因此只画出原来给出时间范围一半的图形。

1.5　系统的性质

系统的基本性质主要有线性、时不变性、因果性、稳定性等，分析一个系统时往往要证明一个系统满足或不满足某一给定的性质。MATLAB 可以构成一些反例用来证明系统不满足某些性质。

例 1-16　离散系统 $y(n)=\sin[(\pi/2)x(n)]$，利用信号 $x_1(n)=\delta(n)$和 $x_2(n)=2\delta(n)$来证明该系统为非线性的，并画图说明。

解： 线性系统满足均匀性和叠加性，即两个激励分别通过系统产生的响应的线性组合与两个激励线性组合后再通过系统产生的响应相等，数学表达式为

$$c_1 H[x_1(n)] + c_2 H[x_2(n)] = H[c_1 x_1(n) + c_2 x_2(n)]$$

式中：$H[\,]$表示系统的响应，c_1、c_2 为常数。现在设 $c_1=2$、$c_2=3$，MATLAB 程序如下：

```
n=[-3 : 3];
x1=[0 0 0 1 0 0 0];
x2=2 * x1; %[0 0 0 2 0 0 0]
y1=2 * sin(pi/2 * x1)+3 * sin(pi/2 * x2);
y2=round(sin(pi/2 * (2 * x1+3 * x2)));
subplot(2, 2, 1);
stem(n, x1); xlabel('n'); title('x_1 (n)');
subplot(2, 2, 2);
stem(n, x2); xlabel('n'); title('x_2 (n)');
subplot(2, 2, 3);
stem(n, y1); xlabel('n'); title('y_1 (n)');
subplot(2, 2, 4);
stem(n, y2); xlabel('n'); title('y_2 (n)');
```

结果如图 1 - 21 所示。

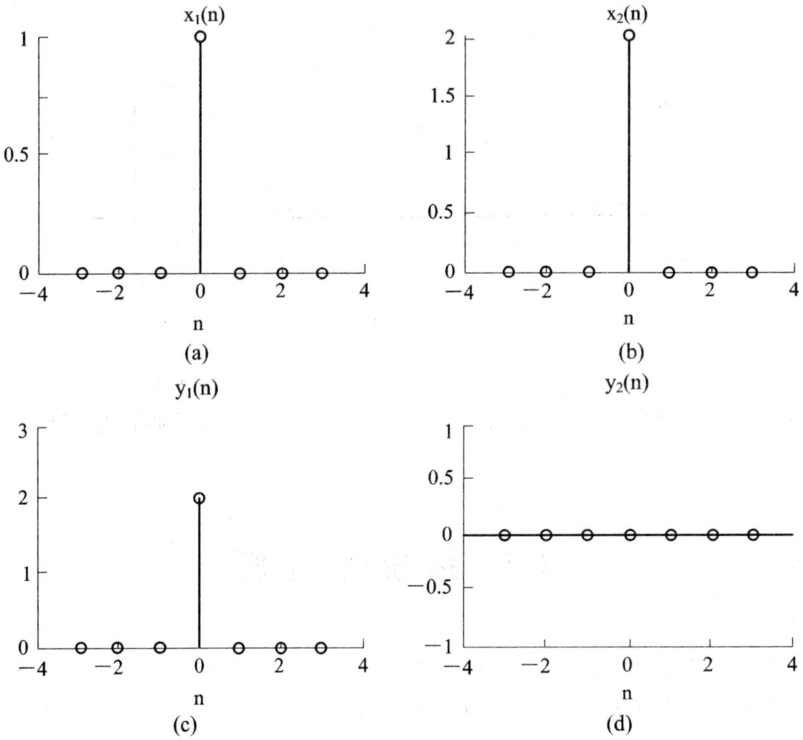

图 1 - 21 非线性系统的证明

从图 1 - 21 的结果来看，

$$y_1(n) = c_1 H[x_1(n)] + c_2 H[x_2(n)] = 2\delta(n)$$

而

$$y_2(n) = H[2x_1(n) + 3x_2(n)] = 0$$

二者明显不相等。所以这个系统不满足线性系统的特性，是非线性的。

例 1-17 离散系统 $y(n)=x(n)+x(n+1)$，利用信号 $x(n)=u(n)$来证明该系统为非因果的，并画图说明。

解：因果系统是指系统在 t_0 时刻的响应只与 $t=t_0$ 和 $t<t_0$ 时刻的输入有关，即系统有激励才有响应，否则，系统为非因果的。MATLAB 程序如下：

```
n=[-6:9];
un=[zeros(1, 6) ones(1, 10)];
n1=[-6:9];
un1=[zeros(1, 5) ones(1, 11)];
y=un+un1;
subplot(2, 1, 1);
stem(n, un);
xlabel('n'); ylabel('x(n)');
grid on;
axis([-6 9 -0.2 1.2])
subplot(2, 1, 2);
stem(n, y);
xlabel('n'); ylabel('y(n)');
grid on;
axis([-6 9 -0.2 2.2])
```

结果如图 1-22 所示。

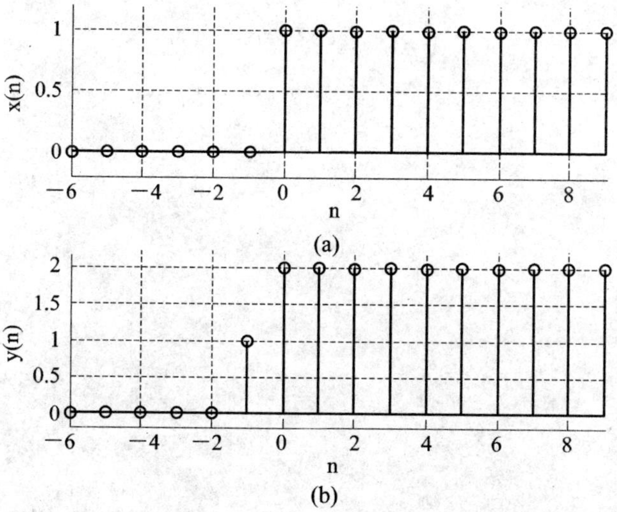

图 1-22　系统非因果性的证明

从图 1-22 的结果来看，激励信号是在 $n=0$ 开始出现的，但是系统在激励信号出现之前就产生了响应，所以系统是非因果的。

习　题

1. 画出下列离散信号的波形。

(1) $x(n)=\left(\frac{1}{2}\right)^{n-1}u(n)$

(2) $x(n)=\sin\left(\frac{n\pi}{5}\right)$

(3) $x(n)=\left(\frac{5}{6}\right)^{n}\sin\left(\frac{n\pi}{5}\right)$

2. 画出下列连续信号的波形。

(1) $x(t)=(2-\mathrm{e}^{-t})u(t)$

(2) $x(t)=\mathrm{e}^{-(t-1)}[u(t-1)-u(t-2)]$

(3) $x(t)=\mathrm{e}^{-t}\cos(10\pi t)u(t)$

3. 下列系统中，x 表示系统的输入，y 表示系统的输出。判断系统是否为线性的，是否为时不变的。

(1) $y(t)=x(2t)$

(2) $y(n)=x^{2}(n)$

第 2 章　离散时间系统的时域分析

本章介绍离散时间系统的时域分析以及如何用 MATLAB 函数计算离散线性时不变系统的响应。2.1 节简要介绍离散时间系统时域分析用到的 MATLAB 函数。2.2 节介绍用递归法求解差分方程。2.3 节介绍卷积的计算和用卷积求解离散系统的零状态响应。2.4 节介绍用 MATLAB 求离散系统的单位阶跃响应和单位样值响应。2.5 节介绍用 MATLAB 求离散系统对任意输入的响应。2.6 节为线性时不变系统实例分析。

2.1　相关 MATLAB 函数

离散时间系统的时域分析涉及到的 MATLAB 函数主要有：

conv
dstep
dimpulse
filter

下面简要介绍这些函数。

1. conv

函数 conv 用来计算离散时间信号的卷积 $x(n) * h(n)$，用向量 x 和 h 分别定义序列 $x(n)$和 $h(n)$的元素，那么可以用命令

```
y = conv(x, h)
```

计算这两个序列的卷积。

函数 conv 还可以用于计算多项式的乘法。假设多项式 $a(s)$的系数由向量 a 给出，多项式 $b(s)$的系数由向量 b 给出，那么多项式 $a(s)b(s)$的系数可以通过命令

```
ab = conv(a, b)
```

赋值给向量 ab。

2. dstep

函数 dstep 用于计算离散时间系统的单位阶跃响应。

3. dimpulse

函数 dimpulse 用于计算离散时间系统的单位样值响应。

4. filter

函数 filter 用于计算离散系统在任意输入信号作用下的响应。

2.2 用递归法求解差分方程

线性时不变离散时间系统可以用差分方程描述：

$$\sum_{i=0}^{N} a_i y(n-i) = \sum_{i=0}^{M} b_i x(n-i) \tag{2.1}$$

式中：n 是整数，$x(n)$是输入，$y(n)$是输出，系数 $a_i(i=0, 1, \cdots, N)$和 $b_i(i=0, 1, \cdots, M)$均为常数。一般情况下，$a_0=1$，方程(2.1)可以写做

$$y(n) + \sum_{i=1}^{N} a_i y(n-i) = \sum_{i=0}^{M} b_i x(n-i) \tag{2.2}$$

差分方程可以直接利用递归的方法来求解。将式(2.2)改写为

$$y(n) = -\sum_{i=1}^{N} a_i y(n-i) + \sum_{i=0}^{M} b_i x(n-i) \tag{2.3}$$

从式(2.3)可以看出，输出的下一个值是前 N 个输出值和 $M+1$ 个输入值的线性组合。例如，$y(0)$是 $y(-1)$，$y(-2)$，…，$y(-N)$和 $x(0)$，$x(-1)$，…，$x(-M)$的线性组合。由式(2.2)或式(2.3)确定的离散时间系统也被称为递归离散时间系统。

需要注意的是，式(2.3)中至少有一个系数 $a_i(i=1, 2, \cdots, N)$是非零的。如果所有的 a_i 为零，那么式(2.3)可以简化为

$$y(n) = \sum_{i=0}^{M} b_i x(n-i) \tag{2.4}$$

在这种情况下，任何确定时刻的输出仅仅取决于输入，使得输出不能用递归方法求得。

用 MATLAB 实现递归的方法时，把式(2.3)的系数 $a_i(i=1, 2, \cdots, N)$和 $b_i(i=0, 1, \cdots, M)$存在向量 $\mathrm{a}=[\mathrm{a_1\ a_2 \cdots a_N}]$和 $\mathrm{b}=[\mathrm{b_0\ b_1\ b_2 \cdots b_M}]$中；输入信号 $x(n)$存在向量 x 中；输入 $x(n)$初始值和输出 $y(n)$初始值存在向量 $\mathrm{x0}=[\mathrm{x}[\mathrm{n_0}-\mathrm{M}], \mathrm{x}[\mathrm{n_0}-\mathrm{M}+1], \cdots, \mathrm{x}[\mathrm{n_0}-1]]$和 $\mathrm{y0}=[\mathrm{y}[\mathrm{n_0}-\mathrm{N}], \mathrm{y}[\mathrm{n_0}-\mathrm{N}+1], \cdots, \mathrm{y}[\mathrm{n_0}-1]]$中；计算需要迭代的时间向量用 n 表示，这里 $\mathrm{n_0}$ 表示向量 n 的第一个元素，如果迭代从 n=0 开始，那么 $\mathrm{n_0}=0$；迭代输出的值保存在向量 y 中，y 的第一个元素对应时间向量中的 $\mathrm{n_0}$。迭代可以从任何时间开始。式(2.3)中的和式可以写成矩阵相乘的形式：

$$\sum_{i=1}^{N} a_i y(n-i) = [a_N\ a_{N-1}\ \cdots\ a_1]\begin{bmatrix} y(n-N) \\ y(n-N+1) \\ \vdots \\ y(n-1) \end{bmatrix} \tag{2.5}$$

根据以上分析，可以把递归的计算方法写成一个 MATLAB 函数：

```
function y = recur(a, b, n, x, x0, y0);
```

```
N = length(a);
M = length(b)-1;
y = [y0 zeros(1, length(n))];
x = [x0 x];
a1 = a(length(a) : -1 : 1);
b1 = b(length(b) : -1 : 1);
for i=N+1 : N+length(n),
y(i) = -a1 * y(i-N : i-1)' + b1 * x(i-N : i-N+M)';
end
y = y(N+1 : N+length(n));
```

这个函数保存在名为 recur. m 的 M 文件中，在以后的计算中可以调用。

例 2-1 用递归法求解差分方程 $y(n)-0.8y(n-1)=2x(n)$在 $0\leqslant n\leqslant 5$ 时的解，其中输入信号 $x(n)=nu(n)$，$y(-1)=2$。

解：这里我们调用 recur 函数来求解。设方程系数向量 a=[-0.8]，b=[2]。这是一个一阶差分方程，输出信号只有一个初始值为 $y(-1)=2$，向量 y0=[2]。因为输入信号为 $x(n)$的形式，所以不需要添加输入信号在 $n<n_0$ 时的初始值，向量 x0=[ ]是一个空向量，但是在调用 recur 函数时这个向量需要定义。MATLAB 程序如下：

```
a=[-0.8]; b=[2];
x0=[]; y0=[2];
n=0 : 5;
x=n;
y=recur(a, b, n, x, x0, y0)
stem(n, y)
xlabel('n')
ylabel('y(n)')
```

得到 y 的输出结果为：

```
y =1.6000    3.2800    6.6240    11.2992    17.0394    23.6315
```

画出输出的波形如图 2-1 所示。

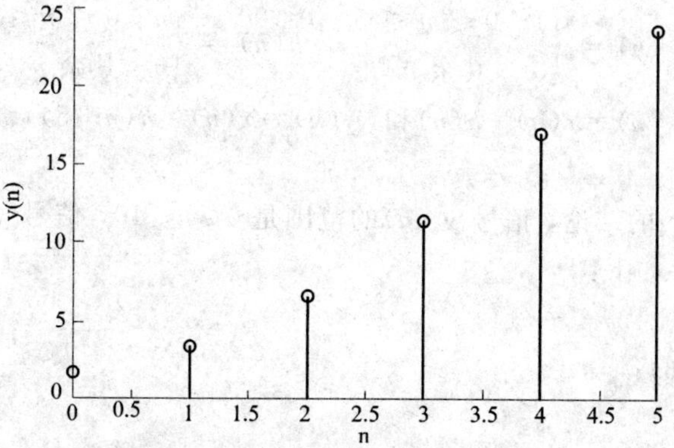

图 2-1 例 2-1 系统输出的波形

2.3 卷积和系统零状态响应的计算

离散信号 $x(n)$和 $h(n)$的卷积定义为

$$y(n) = x(n) * h(n) = \sum_{m=-\infty}^{\infty} x(m)h(n-m) \tag{2.6}$$

这个计算实际上是一个求和过程，也叫卷积和。

如果信号 $x(n)$和 $h(n)$都是有限长的序列，设信号 $x(n)$的定义范围是

$$n_x \leqslant n \leqslant n_x + N_x - 1 \tag{2.7}$$

信号 $h(n)$的定义范围是

$$n_h \leqslant n \leqslant n_h + N_h - 1 \tag{2.8}$$

那么 $y(n)$的定义范围是

$$(n_x + n_h) \leqslant n \leqslant (n_x + n_h) + N_x + N_h - 2 \tag{2.9}$$

即用于保存 $y(n)$的向量 y 包含 $N_x + N_h - 1$ 个样本值。

在用 MATLAB 函数 conv 计算离散信号的卷积时，要注意信号 $x(n)$和 $h(n)$的时间起点。例如：

```
x = [1 1 1 1 1]
h = [0 1 2 3]
y = [0 1 3 6 6 6 5 3]
```

如果 $x(n)$和 $h(n)$的时间起点都是 $n=0$，那么 $y(n)$的时间起点也是 $n=0$。如果 $x(n)$的时间起点是 $n=-2$，$h(n)$的时间起点是 $n=-3$，那么 $y(n)$的时间起点是 $n=-5$。在画出卷积结果的波形时要注意调整标号向量，使之与信号的值对应。

用 MATLAB 计算无限长的序列的卷积时，只能截取有限长度的信号值，因此卷积得到的答案等效于信号在定义范围外的值为零的计算结果。例如，信号 $x(n)$的定义范围是 $0\leqslant n\leqslant q$，信号 $h(n)$定义在 $0\leqslant n\leqslant r$，则 $y(n)=x(n) * h(n)$的定义范围是 $0\leqslant n\leqslant q+r$，但是只有在 $0\leqslant n\leqslant \min(q, r)$范围内的答案才是正确的。

例 2-2 设信号 $x(n)$和 $h(n)$都是有限长信号：

$$x(n) = \begin{cases} 1 & 0 \leqslant n \leqslant 5 \\ 0 & \text{其余 } n \end{cases}, \quad h(n) = \begin{cases} n & 0 \leqslant n \leqslant 5 \\ 0 & \text{其余 } n \end{cases}$$

用 MATLAB 计算 $y_1(n)=x(n) * h(n)$和 $y_2(n)=x(n) * h(n+5)$，并画出 $y_1(n)$和 $y_2(n)$的波形。

解：根据式(2.9)的结论，信号 $y_1(n)$的范围是 $0\leqslant n\leqslant 10$，信号 $y_2(n)$的范围是 $-5\leqslant n\leqslant 5$，MATLAB 程序如下：

```
n=0:5;
x=ones(1, 6);
h=n;
y=conv(x, h);
ny=0:10;
```

```
subplot(2, 1, 1);
stem(ny, y);
xlabel('n'); ylabel('y_1(n)'); title('y_1(n)=x(n) * h(n)')
y2=conv(x, h);
ny2=ny-5;
subplot(2, 1, 2);
stem(ny2, y2);
xlabel('n'); ylabel('y_2(n)'); title('y_2(n)=x[n] * h[n+5]')
```

运行的结果如图 2-2 所示。

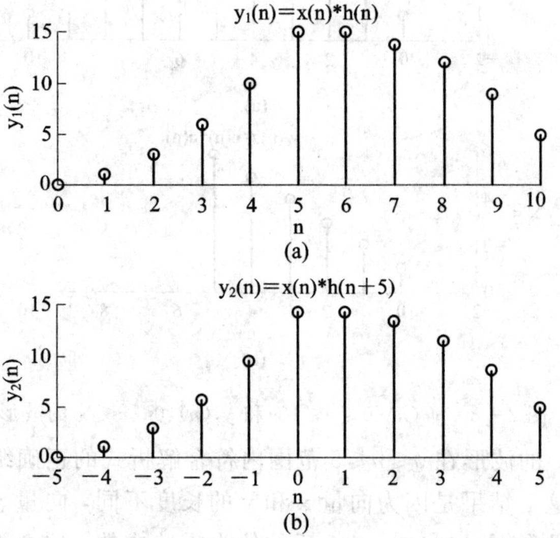

图 2-2 $y_1(n)$和 $y_2(n)$的波形

图 2-2 中，图(a)为 $y_1(n)=x(n)*h(n)$的波形，图(b)为 $y_2(n)=x(n)*h(n+5)$的波形。

例 2-3 设信号 $x(n)=u(n)$，

(1) 计算 $y(n)=x(n)*x(n)$的解析式；

(2) 取信号 $x(n)=u(n)(0\leqslant n\leqslant 5)$，用 MATLAB 计算 $y(n)$，画出 $y(n)$在 $0\leqslant n\leqslant 10$ 的波形 $y_1(n)$和 $y(n)$在 $0\leqslant n\leqslant 5$ 的波形 $y_2(n)$，并进行比较。

解：

(1) $y(n)=x(n)*x(n)=\sum_{m=-\infty}^{\infty}x(m)x(n-m)=(n+1)u(n)$

(2) MATLAB 程序如下：

```
x = ones(1, 6); h = x;
y = conv(x, h);
n=0:10;
subplot(2, 1, 1);
stem(n, y(1:length(n)))
```

```
axis([-2 10 0 6]); xlabel('n'); ylabel('y_1(n)'); title('y_1(n)=x(n) * x(n)')
n1=0 : 5;
subplot(2, 1, 2);
stem(n1, y(1 : length(x)))
axis([-2 10 0 6]); xlabel('n'); ylabel('y_2(n)'); title('y_2(n)=u(n) * u(n)')
```

波形如图 2 - 3 所示。

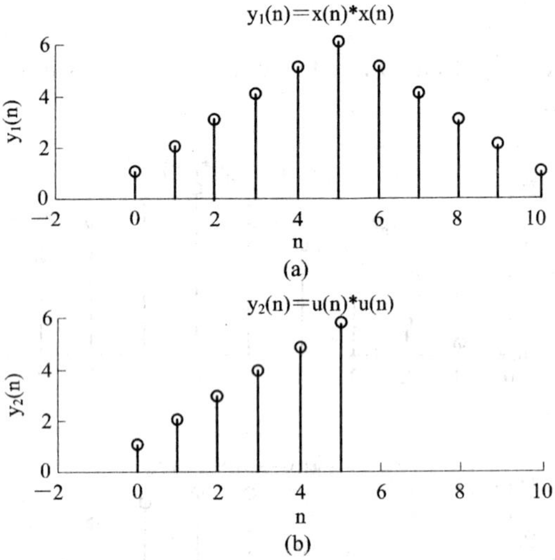

图 2 - 3　$y_1(n)(0\leqslant n\leqslant 10)$和 $y_2(n)(0\leqslant n\leqslant 5)$的波形

图 2 - 3 中，图(a)的波形在 $0\leqslant n\leqslant 5$ 范围内符合解析式的正确结果，从 $n>5$ 开始信号的值逐渐减小，出现这个结果是因为向量 x 和 y 的长度不同，向量 y 的后 5 个样本值呈下降趋势是由计算中认为信号 $x(n)$在 $n>5$ 后的值为零造成的，这个卷积的过程可以通过图解法进行说明。因此，一般在表示卷积波形时，像图(b)一样截取卷积结果的前 6 个样本值来反映波形的趋势。

用卷积可以计算离散系统的零状态响应。用这种方法计算响应时，首先要知道系统的单位样值响应 $h(n)$，单位样值响应与系统激励的卷积就是系统的零状态响应。用 MATLAB 求解离散系统单位样值响应的问题在下一节介绍。用 MATLAB 求解零状态响应时，需要注意输出结果的取值范围。

例 2 - 4　用卷积求解差分方程 $y(n)-0.8y(n-1)=2x(n)$的零状态响应，其中输入信号 $x(n)=nu(n)$，取 $x(n)$的范围是 $0\leqslant n\leqslant 5$。

解：用解析法求得系统的单位样值响应是 $h(n)=2(0.8)^n u(n)$，用卷积求解系统零状态响应的 MATLAB 程序如下：

```
n=0 : 5;
x =n;
h = 2 * (0.8).^n ;
y = conv(x, h)
stem(n, y(1 : length(n)))
xlabel('n'); ylabel('y_{zs}(n)'); title('y_{zs}(n)=x(n) * h(n)')
```

得到 y 的输出结果为

y=0　2.0000　5.6000　10.4800　16.3840　23.1072　18.4858　14.2643　10.3629　6.7174　3.2768

因为 x(n)的范围取 0≤n≤5，所以零状态响应取 y 的前 6 个样本值。系统零状态响应的波形如图 2-4 所示。

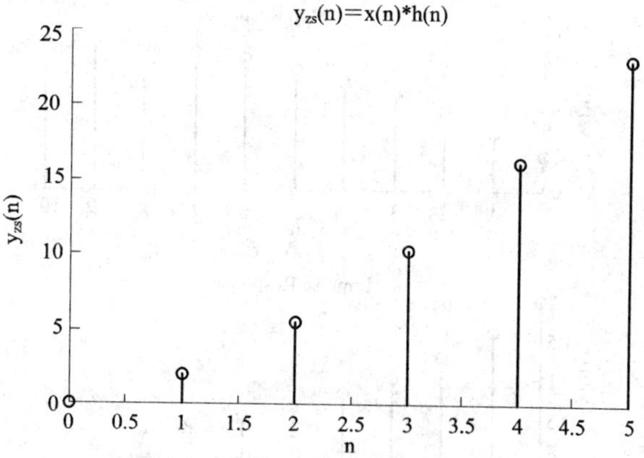

图 2-4　系统零状态响应的波形

2.4 用 MATLAB 求离散系统的单位阶跃响应和单位样值响应

单位阶跃响应是单位阶跃序列作用在系统产生的零状态响应；单位样值响应是单位样值序列作用在系统产生的零状态响应。MATLAB 中可以用 dstep 函数求系统的单位阶跃响应，用 dimpulse 函数求系统的单位样值响应。用这两个函数求响应时，先把式(2.1)方程左右两边多项式的系数 $a_i(i=0, 1, \cdots, N)$和 $b_i(i=0, 1, \cdots, M)$用向量 a 和 b 表示，向量 a 表示与响应有关的系数：

$$a=[a_0\ a_1\ a_2 \cdots a_N]$$

向量 b 表示与激励有关的系数：

$$b=[b_0\ b_1\ b_2 \cdots b_M\ 0 \cdots 0]$$

如果 $M<N$，需要在向量 b 已有的系数后面补充 $N-M$ 个 0，然后用命令 y=dstep(b, a, n)或 y=dimpulse(b, a, n)求系统的单位阶跃响应或单位样值响应，命令中 n 表示需要计算的样值点数。这里之所以这样处理向量 a 和 b，是因为这两个函数中向量 a 和 b 是系统差分方程通过 Z 变换得到的系统函数 $H(z)$的分母多项式和分子多项式的系数，并且这两个多项式是按照 z 的降幂排列的。

例 2-5　求解差分方程 $y(n)-0.8y(n-1)=2x(n)$的单位样值响应和单位阶跃响应。

解：MATLAB 程序如下：

```
n=0:10;
a=[1 -0.8]; b=[2 0];
ys=dstep(b, a, length(n));
yi=dimpulse(b, a, length(n));
```

```
subplot(2, 1, 1); stem(n, ys);
xlabel('n'); ylabel('ys(n)'); title('Step Response')
subplot(2, 1, 2); stem(n, yi);
xlabel('n'); ylabel('yi(n)'); title('Impulse Response')
```

求出响应的波形如图 2-5 所示。

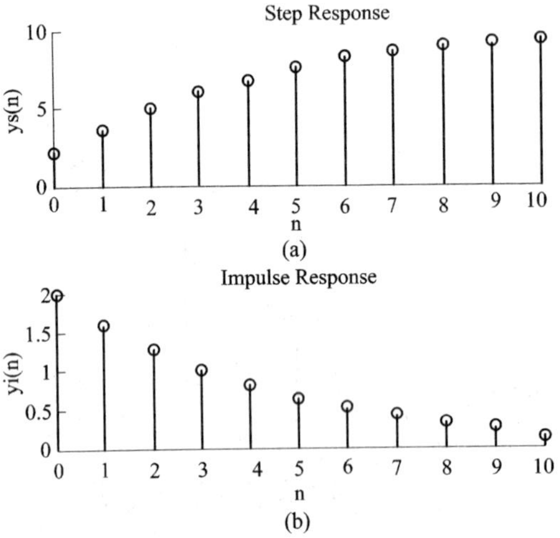

图 2-5　系统单位阶跃响应和单位样值响应

(a) 单位阶跃响应；(b) 单位样值响应

2.5　用 MATLAB 求离散系统在任意输入作用下的响应

用 MATLAB 的 filter 函数可以求线性时不变离散系统在任意输入作用下的响应。如果系统差分方程如式(2.1)所示，系数 $a_i(i=0, 1, \cdots, N)$ 和 $b_i(i=0, 1, \cdots, M)$ 存在向量 $a=[a_0\ a_1\ a_2\cdots\ a_N]$ 和 $b=[b_0\ b_1\ b_2\cdots\ b_M]$ 中，区间 $n_x\leqslant n\leqslant n_x+N_x-1$ 内的输入信号 $x(n)$ 用向量 x 表示，一般 $n_x=0$，设系统为零状态，那么命令 y=filter(b, a, x)就得到系统的输出。用这个命令产生的输出向量 y 包含的样本区间的范围与向量 x 定义的区间范围是一样的。如果系统为非零状态的，filter 函数在计算出向量 y 的第 1 个输出值 $y(n_x)$ 时，需要输入信号 $x(n)$ 在 $n_x-M\leqslant n\leqslant n_x-1$ 范围内的值，以及 $y(n)$ 在 $n_x-N\leqslant n\leqslant n_x-1$ 范围内的值，即系统的初始状态。如果不给出这些值，filter 函数假设这些样本值全都为零。因此，在求有初始状态的系统的响应时，用命令 y=filter(b, a, x, zi)得到差分方程的输出，其中，向量 zi 表示系统的初始状态，要用状态方程获得。基于 filter 函数的这些特征，它不仅可以用于计算离散系统在任意输入作用下的零状态响应，还可以用于计算离散系统在任意输入作用下的非零状态的响应，即全响应。

例 2-6　离散系统的差分方程为 $y(n)-0.8y(n-1)=2x(n)$，

(1) 输入信号 $x(n)=nu(n)$，取 $x(n)$ 的范围是 $0\leqslant n\leqslant 5$，用 filter 函数求解系统的零状态响应。

(2) 输入信号同(1)，$y(-1)=2$，用 filter 函数求解系统的全响应。

解：

(1) 求系统零状态响应的 MATLAB 程序如下：

```
n=0：5;
a=[1 -0.8]; b=[2];
x =n;
yzs=filter(b, a, x)
```

得到 yzs 的输出结果为

```
yzs = 0    2.0000    5.6000    10.4800    16.3840    23.1072
```

如果画出输出的波形，同图 2－4 所示的一样。

(2) 求系统全响应的 MATLAB 程序如下：

```
n=0：5;
a=[1 -0.8]; b=[2];
x =n;
zi=[0.8 * 2];
y=filter(b, a, x, zi)
```

得到 y 的输出结果为

```
y = 1.6000    3.2800    6.6240    11.2992    17.0394    23.6315
```

如果画出输出的波形，同图 2－1 所示的一样。

(2) 题中给出的是一个非零初始状态的系统，在用 filter 函数时，需要给出初始状态向量 zi。这个系统是一阶的，又因为 $n<0$ 时，$x(n)=0$，所以 zi = [-a1 * y[-1]]，即 zi = [0.8 * 2]。

2.6 线性时不变系统的实例分析

例 2－7 兔子的繁殖问题。

研究一对兔子的繁殖问题，假设每对兔子每月可以生育一对小兔，新生的小兔子要隔一个月才具有生育能力，若第一个月只有一对新生的小兔子，求第 n 个月兔子对的数目。

(1) 建立描述兔子繁殖问题的差分方程；

(2) 用递归的方法求解方程，获得系统的解；

(3) 用经典法求出差分方程解的表达式；

(4) 比较两种方法的结果。

解：

(1) 用 $y(n)$ 表示在第 n 个月兔子对的数目，已知 $y(0)=0$，$y(1)=1$，$y(2)=1$，$y(3)=2$，…。容易得到，到第 n 个月时，应有 $y(n-2)$ 对兔子具有生育能力，因而这批兔子会从 $y(n-2)$ 对变成 $2y(n-2)$ 对；此外，还有 $y(n-1)-y(n-2)$ 对兔子没有生育能力，因为它们是在第 $(n-1)$ 月新生的，仍按原数目计算，可以写出系统方程

$$y(n) = 2y(n-2) + [y(n-1) - y(n-2)]$$

整理一下得

$$y(n)-y(n-1)-y(n-2)=0 \tag{2.10}$$

(2) 将式(2.10)写成式(2.3)的形式：

$$y(n)=y(n-1)+y(n-2) \tag{2.11}$$

得到系统的递归关系。

(3) 系统的差分方程是一个齐次方程，由经典法得方程的解为

$$y(n)=\frac{1}{\sqrt{5}}\left(\frac{1+\sqrt{5}}{2}\right)^n-\frac{1}{\sqrt{5}}\left(\frac{1-\sqrt{5}}{2}\right)^n \tag{2.12}$$

(4) MATLAB 程序如下：

```
a = [-1 -1]; b = [0];
n = 2 : 10;
x = zeros(1, length(n));
x0 = []; y0 = [0 1];
y1 = recur(a, b, n, x, x0, y0)
y2 = (((1+sqrt(5))/2).^n-((1-sqrt(5))/2).^n)/sqrt(5)
y1 = [y0 y1]; y2 = [y0 y2];
n = 0 : 10;
plot(n, y1, 'o', n, y2, '+')
title('rabbit')
ylabel('y(n)')
xlabel('n')
text(1, 35, 'o 用递归方法求解的结果')
text(1, 30, '+ 用经典法求解的结果')
```

在程序中，分别用 y1 和 y2 表示用递归方法和解析式求得的系统响应向量，结果如下：

```
y1 = 1    2    3    5    8    13    21    34    55
y2 = 1.0000   2.0000   3.0000   5.0000   8.0000   13.0000   21.0000
     34.0000   55.0000
```

这两种方法的结果是相同的。画出响应结果的图形如图 2 - 6 所示。

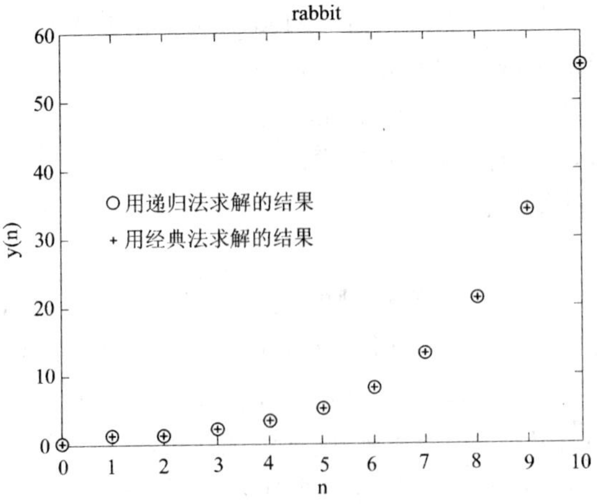

图 2 - 6　兔子的繁殖

例 2-8 回声的消除。

假设有一个拾音器放在一间屋子的当中，一个人在房间的另一头说话，录音中将包含直接传到拾音器的语音，以及经过传输，从远处墙壁反射回来再进入拾音器的回声。因为回声必须是向前传播的，所以时间上有一定的延时；另外，因为语音有一部分被墙壁吸收，所以幅度上有一定的衰减。为了简化分析，只考虑一次反射的回声源。

差分方程

$$y(n)=x(n)+\alpha x(n-N) \tag{2.13}$$

是一个回声产生模型，其中，$x(n)$是未被污损的语音信号，$y(n)$是叠加上回声以后的输出信号。设延时值 $N=1000$，回声衰减系数 $\alpha=0.5$。

这个实例用的原始语音存储在文件 lineup. mat 中，在着手分析系统前，需要用 load 命令装入这个文件。语音波形数据存储在向量 y 中。

(1) 求解回声系统的单位样值响应，将它在 $0\leqslant n\leqslant 4000$ 内的值存入向量 he 中，并画出该响应的波形。

(2) 计算回声系统的系统函数 $H(z)$。

(3) 设计一个回声消除系统，能够从回声系统的输出信号 $y(n)$中恢复输入信号 $x(n)$，写出该系统的系统函数 $W(z)$和差分方程。

(4) 求解回声消除系统的单位样值响应，将它在 $0\leqslant n\leqslant 4000$ 样本的近似值存入向量 her 中，并画出该响应的波形。

(5) 利用 filter 实现回声消除，把消除回声的语音数据存入向量 we，利用 plot 画出输出信号。同时，利用 sound 听听输入信号和输出信号的声音，并把消除回声的语音保存在文件 thegood. mat 中。

(6) 将回声系统和回声消除系统级联后求其单位样值响应，将结果存入向量 they 中，并画出总的单位样值响应。

解：

(1) 回声系统的单位样值响应可以用 dimpulse 函数求得，MATLAB 程序如下：

```
num = [1, zeros(1, 1001-2), 0.5];
den = [1, zeros(1, 1001-1)];
he = dimpulse(num, den, 4001);
plot(he, 'r'), title('he'), xlabel('n')
axis([-500 4500 0 1.2])
```

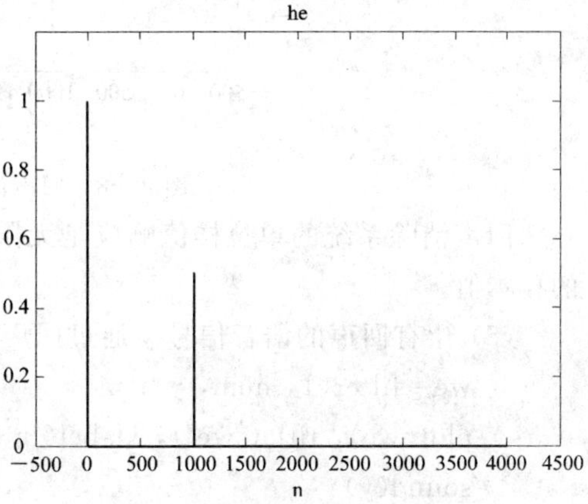

图 2-7 回声系统的单位样值响应

回声系统的单位样值响应如图 2-7 所示。

(2) 把回声系统方程 $y(n)=x(n)+\alpha x(n-N)$两边做 Z 变换，得系统函数为

$$H(z)=\frac{Y(z)}{X(z)}=1+\alpha z^{-N}=\frac{z^N+\alpha}{z^N}$$

(3) 回声消除系统的输入信号是回声系统的输出 $y(n)$，设输出信号 $z(n)$，消除系统是回声系统的逆系统，它的系统函数 $W(z)$为

$$W(z)=\frac{Z(z)}{Y(z)}=\frac{z^N}{z^N+\alpha}$$

回声消除系统的差分方程是：

$$z(n)+\alpha z(n-N)=y(n)$$

(4) 这里用 filter 函数求回声消除系统的单位样值响应，MATLAB 程序如下：

```
d=[1 zeros(1, 4000)];
her=filter(1, num, d);
plot(her, 'r'), title('her'), xlabel('n')
axis([-500 4500 -0.6 1.2])
```

读者可以通过(1)和(4)体会 dimpulse 函数和 filter 函数在求系统单位样值响应时的不同用法。

回声消除系统的单位样值响应如图 2－8 所示。

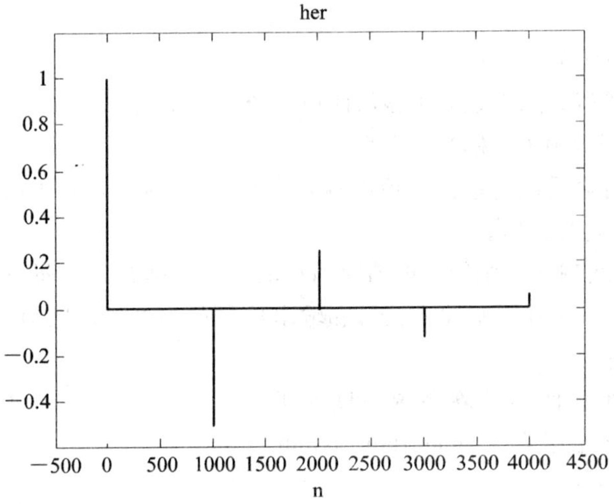

图 2－8　回声消除系统的单位样值响应

回声消除系统的单位样值响应是无限长的，但是这里只保存了 4001 个单位样值响应的样本值。

(5) 让有回声的语音信号 y 通过回声消除系统，得到响应 we，MATLAB 程序如下：

```
we=filter(1, num, y);
plot(we), title('we'), xlabel('n')
sound(y)
pause
sound(we)
save thegood we
```

通过回声消除系统后，语音信号的波形如图 2－9 所示。

通过声音回放，我们可以明显地听出原信号 y 和消除回声后的信号 we 的区别。这个语音是词组“Line up”。

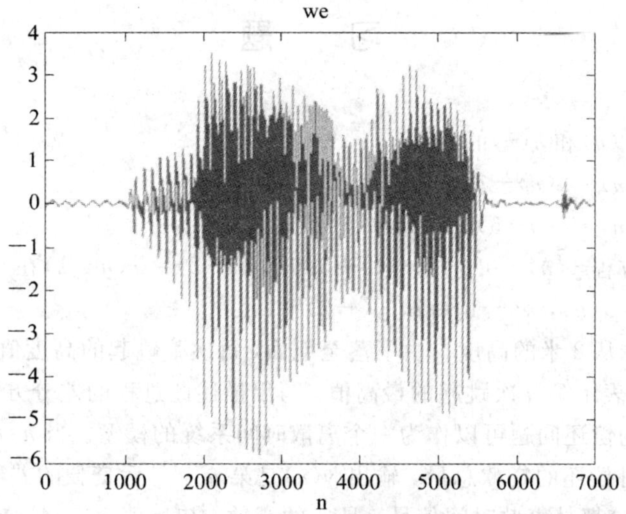

图 2-9　通过回声消除系统后的语音信号波形

(6) 级联系统的单位样值响应等于各子系统的单位样值响应的卷积，可以用 conv 函数求得，MATLAB 程序如下：

```
they=conv(he, her);
plot(they(1 : length(he)), 'r');
title('they'), xlabel('n')
axis([-500 4500 0 1.2])
```

级联系统的单位样值响应如图 2-10 所示。

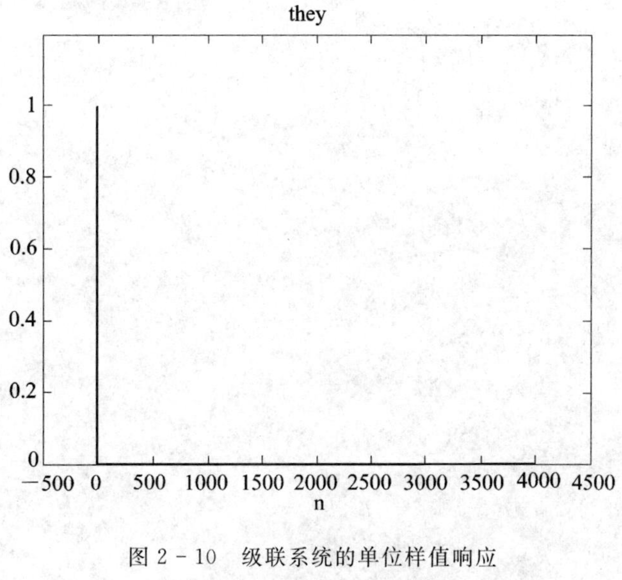

图 2-10　级联系统的单位样值响应

习　题

1. 计算信号 $x(n)$和 $h(n)$的卷积。

(1) $x(n)=h(n)=u(n)-u(n-4)$

(2) $x(n)=u(n)-u(n-5)$，$h(n)=(1/2)^n u(n)$

2. 求解差分方程 $y(n)-0.6y(n-1)+0.08y(n-2)=x(n-1)$在 $0\leqslant n\leqslant 10$ 的解，其中输入信号 $x(n)=u(n)$，$y(-1)=2$，$y(-2)=1$。

3. 一个乒乓球从 2 米的高度自由下落至地面，每次弹跳起的高度值是前一次的最高值的 2/3。若用 $y(n)$表示第 n 次跳起的最高值，写出描述此过程的差分方程，并求解。

4. 银行贷款的偿还问题可以作为一个离散时间系统的模型。当 $n=0，1，2，\cdots$时，输入 $x(n)$是第 n 个月偿还的贷款总量，输出 $y(n)$是第 n 个月后贷款的差额，n 表示月数，输入 $x(n)$和输出 $y(n)$都是离散时间信号，是 n 的函数。初始值 $y(0)$是贷款的总数。通常情况下，每月偿还的数目 $x(n)$是一个固定值。设 I 是年利率，列出描述贷款偿还的过程的差分方程。请自己设定一个贷款数目和每月偿还的数值，计算一下用多少个月还完贷款。

第3章　连续时间系统的时域分析

本章介绍连续时间系统的时域分析以及如何用 MATLAB 函数计算连续线性时不变系统的响应。3.1 节简要介绍连续时间系统时域分析用到的 MATLAB 函数。3.2 节介绍用 MATLAB 求连续系统的单位阶跃响应和单位冲激响应。3.3 节介绍用 MATLAB 求连续系统对任意输入的零状态响应。3.4 节介绍连续信号卷积的计算和用卷积求解连续系统的零状态响应。3.5 节为线性时不变系统实例分析。

3.1　相关 MATLAB 函数

连续时间系统的时域分析涉及到的 MATLAB 函数主要有：

step

impulse

lsim

dsolve

conv

下面就简要介绍这些函数。

1. step

函数 step 用于计算连续时间系统的单位阶跃响应。

2. impulse

函数 impulse 用于计算连续时间系统的单位冲激响应。

3. lsim

函数 lsim 用于计算连续系统在任意输入作用下的响应。

4. dsolve

这个函数是 Symbolic Math Toolbox 中的函数，用于求解常微分方程。

3.2 用 MATLAB 求连续系统的单位阶跃响应和单位冲激响应

线性时不变连续时间系统可以用微分方程描述：

$$\sum_{k=0}^{N} a_k \frac{\mathrm{d}^k y(t)}{\mathrm{d}t^k} = \sum_{k=0}^{M} b_k \frac{\mathrm{d}^k x(t)}{\mathrm{d}t^k} \tag{3.1}$$

式中：$x(t)$是输入，$y(t)$是输出，系数 $a_k(k=0, 1, \cdots, N)$和 $b_k(k=0, 1, \cdots, M)$均为常数。一般情况下，$a_N=1$，方程(3.1)可以写做

$$\frac{\mathrm{d}^N y(t)}{\mathrm{d}t^N} + \sum_{k=0}^{N-1} a_k \frac{\mathrm{d}^k y(t)}{\mathrm{d}t^k} = \sum_{k=0}^{M} b_k \frac{\mathrm{d}^k x(t)}{\mathrm{d}t^k} \tag{3.2}$$

单位阶跃响应是单位阶跃信号作用在系统产生的零状态响应；单位冲激响应是单位冲激信号作用在系统产生的零状态响应。用 step 函数或 impulse 函数求系统相应的响应时，先把式(3.1)中微分方程左右两边的系数用向量 a 和 b 表示，向量 a 表示响应及其各阶导数的系数：

a=[$\mathrm{a_N}$ $\mathrm{a_{N-1}}\cdots$ $\mathrm{a_1}$ $\mathrm{a_0}$]

向量 b 表示激励及其各阶导数的系数：

b=[$\mathrm{b_M}$ $\mathrm{b_{M-1}}\cdots$ $\mathrm{b_1}$ $\mathrm{b_0}$]

然后用命令 y = step(b, a, t)或 y = impulse (b, a, t)求系统的阶跃响应或冲激响应，命令中 t 表示计算响应所需的时间向量。例如 t=c : d : e，其中 c 是起始时间，e 是结束时间，d 是时间增量。为了做出平滑的曲线，向量 t 的增量需要取得足够小。需要注意的是，这里向量 a 和 b 的样本值都是按照导数阶数递减的次序排列的。

例 3-1 求解微分方程$\frac{\mathrm{d}y(t)}{\mathrm{d}t}+3y(t)=x(t)$的单位阶跃响应和单位冲激响应，并与用解析式表示的结果进行比较。

解： 用手工计算微分方程得到的阶跃响应的表达式为

$$g(t) = \frac{1}{3}(1-\mathrm{e}^{-3t})u(t)$$

冲激响应的表达式为

$$h(t) = \mathrm{e}^{-3t}u(t)$$

用 MATLAB 函数求解响应的程序如下：

```
t=[0 : 0.1 : 10];
b=[1];
a=[1 3];
s=step(b, a, t);
s1=(1/3) * (1-exp(-3 * t));
plot(t, s, 'o', t, s1, 'r');
title('Step Response'); ylabel('y(t)'); xlabel('t'); legend('step 函数', '解析式')
figure
```

```
h=impulse(b, a, t);
h1=exp(-3 * t);
plot(t, h, 'o', t, h1, 'r');
title('Impulse Response'); ylabel('y(t)'); xlabel('t'); legend('impulse 函数', '解析式')
```

系统的阶跃响应波形如图 3-1 所示。

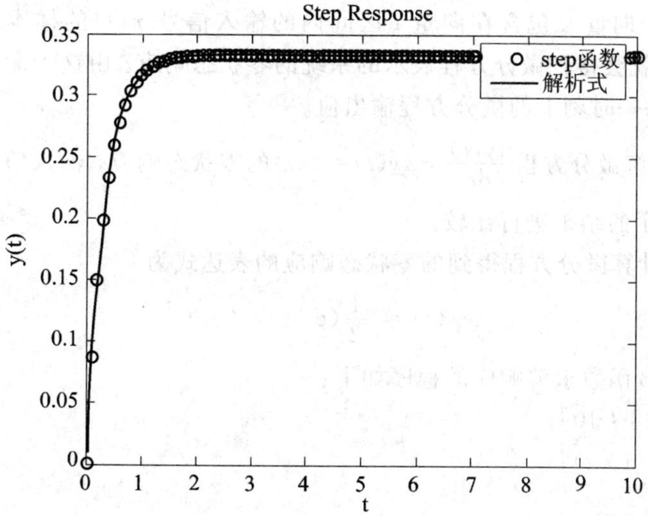

图 3-1　阶跃响应的波形

系统的冲激响应波形如图 3-2 所示。

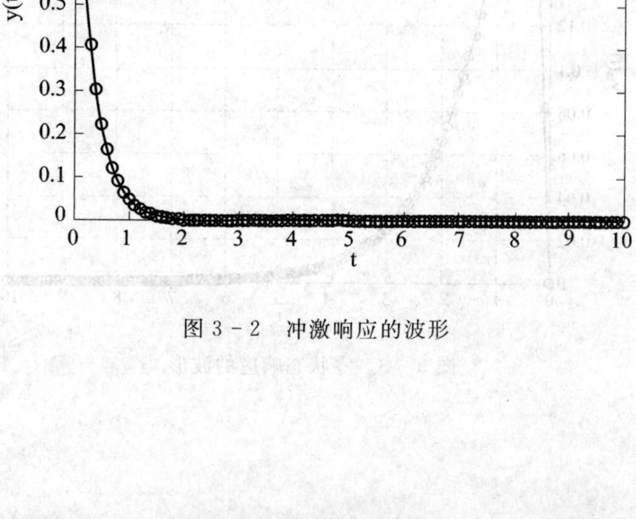

图 3-2　冲激响应的波形

3.3 用 MATLAB 求连续系统在任意输入作用下的零状态响应

用 MATLAB 的 lsim 函数可以求线性时不变连续系统在任意输入作用下的响应。用 lsim 函数求系统的非零状态响应时，需要把描述系统的微分方程转化为状态方程，这里主要介绍如何求系统的零状态响应。系统微分方程如式(3.1)所列，向量 a、b 和 t 与 step 函数中的定义相同，向量 x 包含在向量 t 区间内的输入信号 $x(t)$ 的样本值，利用命令 y=lsim(b，a，x，t)就会得到微分方程表示的系统的零状态响应。由这个命令产生的输出向量 y 包含向量 t 中每一时刻上的微分方程输出值。

例 3-2 求解微分方程 $\frac{dy(t)}{dt}+3y(t)=x(t)$ 的零状态响应，输入信号 $x(t)=e^{-t}u(t)$，并与用解析式表示的结果进行比较。

解： 用手工计算微分方程得到的零状态响应的表达式为

$$y_{zs}(t)=\frac{1}{2}(e^{-t}-e^{-3t})u(t)$$

用 MATLAB 函数求解响应的程序如下：

```
t=[0 : 0.1 : 10];
x=exp(-1 * t);
b=[1];
a=[1 3];
s=lsim(b, a, x, t);
s1=(1/2) * (exp(-1 * t)-exp(-3 * t));
plot(t, s, 'o', t, s1, 'r');
ylabel('y_{zs}(t)'); xlabel('t'); legend('lsim 函数', '解析式')
```

系统的零状态响应的波形如图 3-3 所示。

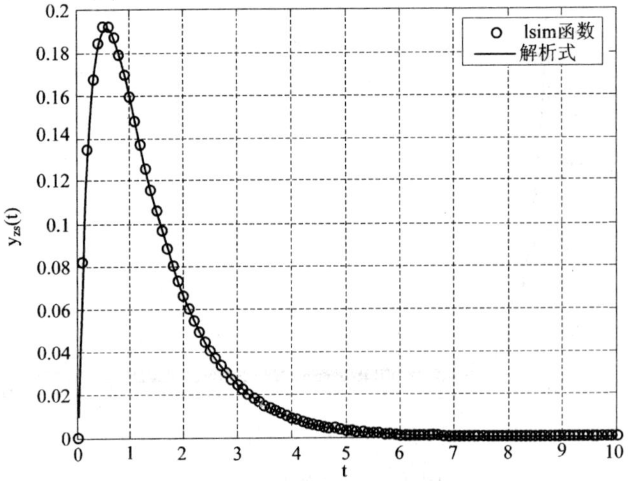

图 3-3 零状态响应的波形

3.4 连续信号的卷积和系统零状态响应的计算

连续信号 $x(t)$和 $h(t)$的卷积定义为

$$y(t) = x(t) * h(t) = \int_{-\infty}^{\infty} x(\tau)h(t-\tau)\mathrm{d}\tau \tag{3.3}$$

在用 MATLAB 计算连续信号的卷积时，可以选取足够小的时间间隔，把连续信号变为离散的序列，把积分运算转化为求和运算，得到连续信号卷积的数值近似。设时间间隔为 Δ，连续信号 $x(t)$和 $h(t)$分别变为离散序列 $x(k\Delta)$和 $h(k\Delta)$，式(3.3)可以表示为

$$y(t) = \int_{-\infty}^{\infty} x(\tau)h(t-\tau)\mathrm{d}\tau = \lim_{\Delta\to 0}\sum_{k=-\infty}^{\infty} x(k\Delta)h(t-k\Delta)\Delta \tag{3.4}$$

当 $t=n\Delta$ 时，

$$y(n\Delta) = \sum_{k=-\infty}^{\infty} x(k\Delta)h(n\Delta-k\Delta)\Delta = \Delta\sum_{k=-\infty}^{\infty} x(k\Delta)h[(n-k)\Delta] \tag{3.5}$$

其中，k 和 n 都是整数，$\sum_{k=-\infty}^{\infty} x(k\Delta)h[(n-k)\Delta]$ 就相当于离散序列 $x(k\Delta)$和 $h(k\Delta)$的卷积。当 Δ 足够小时，$y(n\Delta)$就是连续信号卷积 $y(t)$的较好的近似：

$$y(t) \approx y(n\Delta) = \Delta\sum_{k=-\infty}^{\infty} x(k\Delta)h[(n-k)\Delta] \tag{3.6}$$

例 3－3 设信号 $x(t)=\mathrm{e}^{-2t}u(t)$，$h(t)=u(t)$，选取 $\Delta=0.01$，在区间 $0\leqslant t\leqslant 6$ 用 MATLAB 计算 $y(t)=x(t)*h(t)$，并与解析式求得的结果进行比较。

解：用式(3.3)计算卷积的表达式为

$$y(t) = \frac{1}{2}(1-\mathrm{e}^{-2t})u(t)$$

根据式(3.6)的结论，MATLAB 程序如下：

```
t=[0:0.01:6];
x=exp(-2*t);
h=ut(t)-0; %变为数值量的
y=conv(x, h)*0.01;
y1=0.5*(1-exp(-2*t));
plot(t, y([1:length(t)]), '-.', t, y1, 'r');
xlabel('t'); ylabel('y(t)');
title('y(t)=x(t)*h(t) \Delta=0.01');
legend('近似值', '解析式')
```

与离散信号的卷积类似，求连续信号的卷积时，注意截取与 t 同一个范围内的输出结果。卷积结果的波形如图 3－4 所示。

这里 Δ 选取得足够小，近似值很接近用解析式得到的值。

冲激响应与系统激励的卷积就是系统的零状态响应。用 MATLAB 求解时，需要注意输出结果的取值范围。

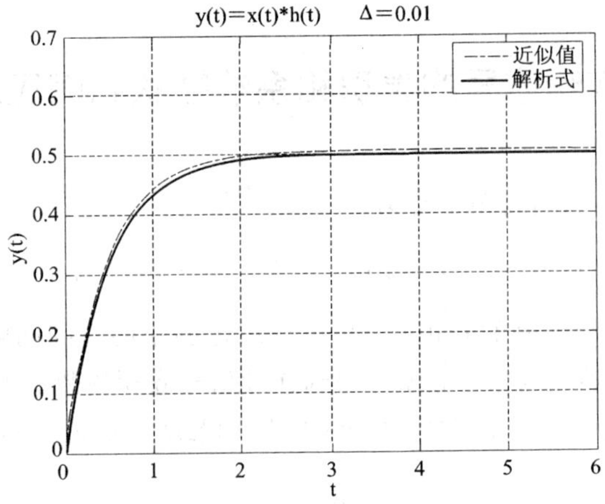

图 3－4　卷积结果的波形

例 3－4　用卷积求微分方程 $\frac{\mathrm{d}y(t)}{\mathrm{d}t}+3y(t)=x(t)$ 的零状态响应，输入信号 $x(t)=\mathrm{e}^{-t}u(t)$。

解：MATLAB 程序如下：

```
t=[0:0.01:10];
b=[1];
a=[1 3];
h=impulse(b, a, t);
x=exp(-1*t);
y=conv(x, h)*0.01
plot(t, y([1:length(t)]));
xlabel('t'); ylabel('y_{zs}(t)'); title('y_{zs}(t)=x(t)*h(t) \Delta=0.01');
```

输出结果的波形如图 3－5 所示。

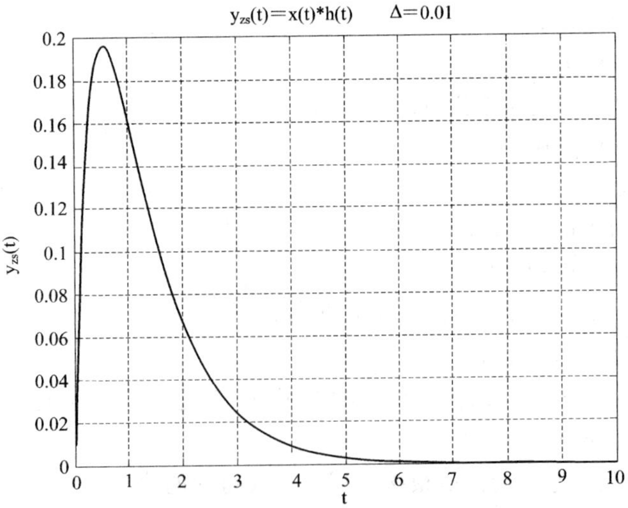

图 3－5　用卷积求得的零状态响应的波形

3.5 线性时不变系统的实例分析

例 3-5 人体药物的吸收和代谢问题。

人体药物吸收和代谢的模型为

$$\frac{\mathrm{d}q(t)}{\mathrm{d}t}=-k_1q(t)+x(t) \tag{3.7}$$

$$\frac{\mathrm{d}y(t)}{\mathrm{d}t}=k_1q(t)-k_2y(t) \tag{3.8}$$

其中，输入 $x(t)$为药物的吸收量，输出 $y(t)$为血液中的药量，$q(t)$为肠胃道中的药量，常数 k_1、k_2 表示代谢速度，且满足 $k_1>k_2>0$。分析药物在人体血液中的含量。

(1) 确定描述系统输入输出关系的二阶微分方程；

(2) 设 $k_1=0.05$，$k_2=0.02$，$y(0)=0$，$q(0)=10$ mg，且 $t\geqslant0$ 时，$x(t)=0$，求 $t>0$ 时人体血液中的药物含量 $y(t)$，并画出 $0<t<100$ 范围内 $y(t)$的曲线。

解：

(1) 将式(3.8)两边求导，得

$$\frac{\mathrm{d}^2y(t)}{\mathrm{d}t^2}=k_1\frac{\mathrm{d}q(t)}{\mathrm{d}t}-k_2\frac{\mathrm{d}y(t)}{\mathrm{d}t} \tag{3.9}$$

把式(3.7)代入式(3.9)，得

$$\frac{\mathrm{d}^2y(t)}{\mathrm{d}t^2}=k_1[-k_1q(t)+x(t)]-k_2\frac{\mathrm{d}y(t)}{\mathrm{d}t} \tag{3.10}$$

把式(3.8)代入式(3.10)，整理得

$$\frac{\mathrm{d}^2y(t)}{\mathrm{d}t^2}+(k_1+k_2)\frac{\mathrm{d}y(t)}{\mathrm{d}t}+(k_1k_2)y(t)=k_1x(t) \tag{3.11}$$

(2) 设 $k_1=0.05$，$k_2=0.02$，代入式(3.11)，得

$$\frac{\mathrm{d}^2y(t)}{\mathrm{d}t^2}+0.07\frac{\mathrm{d}y(t)}{\mathrm{d}t}+0.001y(t)=0.05x(t) \tag{3.12}$$

因为 $t\geqslant0$ 时 $x(t)=0$，所以 $y(t)$是系统的零输入响应。这里用符号运算求得结果。根据 $y(0)=0$ 和 $q(0)=10$ mg，得

$$\left.\frac{\mathrm{d}y(t)}{\mathrm{d}t}\right|_{t=0}=k_1q(0)-k_2y(0)=0.5$$

MATLAB 程序如下：

```
eq='D2y+0.07*Dy+0.001*y=0';
cond='y(0)=0, Dy(0)=0.5';
y=dsolve(eq, cond, 't');
ezplot(y, [0, 100]);
title('Medicine')
```

$0<t<100$ 范围内 $y(t)$的曲线如图 3-6 所示。

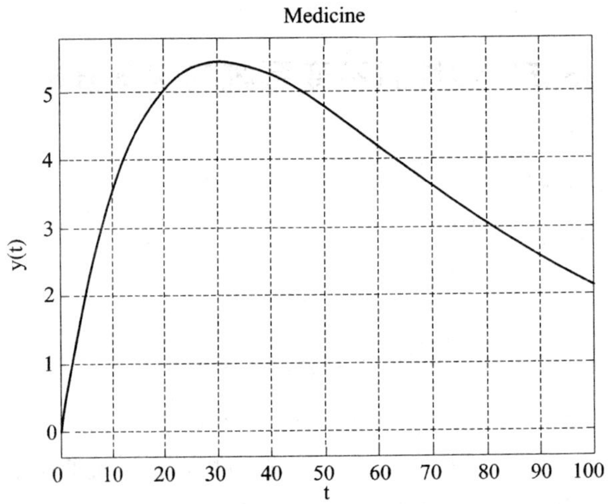

图 3－6　血液中的药量 $y(t)$的曲线

例 3－6　平面汽车的运动问题。

在水平面上的一辆汽车，如图 3－7 所示，输入 $x(t)$是作用于汽车上的驱动力或制动力，输出 $y(t)$是汽车在时间 t 相对于某个参考点的位置，依照牛顿第二定律，$y(t)$和 $x(t)$的关系为

$$M\frac{d^2y(t)}{dt^2}+k_f\frac{dy(t)}{dt}=x(t) \tag{3.13}$$

式中，M 为汽车的质量，k_f 为摩擦系数，假设 M 和 k_f 为常数。$v(t)$是汽车在时间 t 的速度，

$$v(t)=\frac{dy(t)}{dt} \tag{3.14}$$

汽车的速度模型为

$$M\frac{dv(t)}{dt}+k_fv(t)=x(t) \tag{3.15}$$

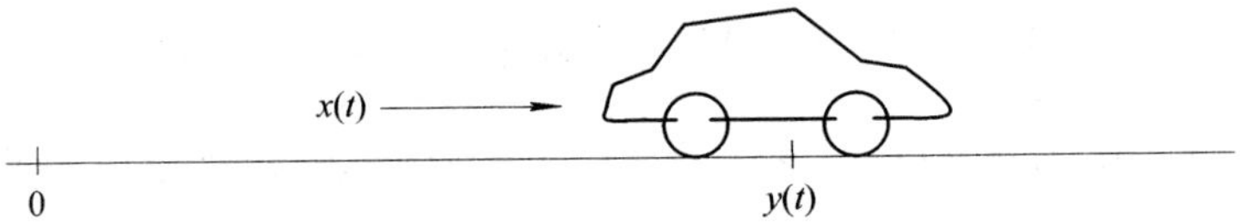

图 3－7　水平面上的汽车

设汽车的质量 $M=1$ kg，摩擦系数 $k_f=0.1$ kg/s，

(1) 求汽车位置 $y(t)$的阶跃响应和冲激响应，并画出波形；

(2) 求汽车速度 $v(t)$的阶跃响应和冲激响应，并画出波形；

(3) 假设系统为零状态，求输入为 $x(t)=\sin(0.1\pi t)$时，汽车位置 $y(t)$的响应，并画出波形。

解：

(1) 将式(3.13)两边除 M，得

$$\frac{d^2y(t)}{dt^2}+\frac{k_f}{M}\frac{dy(t)}{dt}=\frac{1}{M}x(t)$$

把 M=1 和 k_f=0.1 代入方程，得

$$\frac{d^2y(t)}{dt^2}+0.1\frac{dy(t)}{dt}=x(t)$$

MATLAB 程序如下：

```
t=[0:0.1:50];
by=[1];
ay=[1 0.1 0];
subplot(2, 1, 1);
sy=step(by, ay, t);
plot(t, sy); grid on; xlabel('t'); title('位置的阶跃响应');
subplot(2, 1, 2);
hy=impulse(by, ay, t);
plot(t, hy); grid on; xlabel('t'); title('位置的冲激响应');
```

波形如图 3-8 所示。

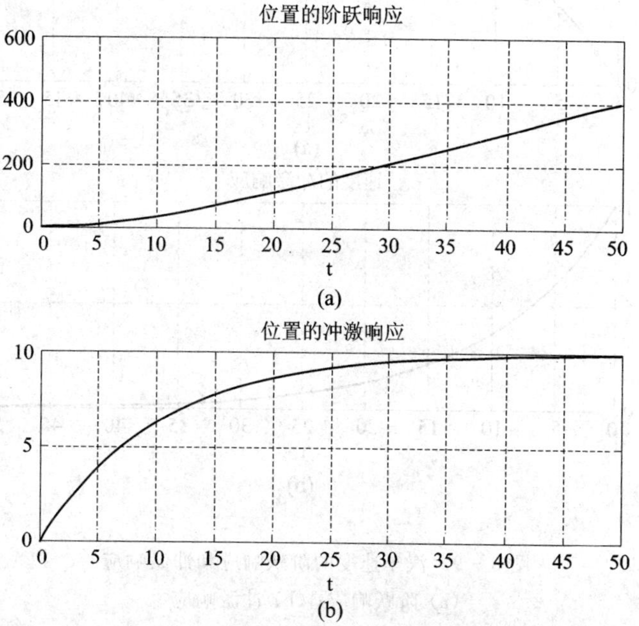

图 3-8　汽车位置的阶跃响应和冲激响应

(a) 阶跃响应；(b) 冲激响应

(2) 将式(3.15)两边除 M，得

$$\frac{dy(t)}{dt}+\frac{k_f}{M}y(t)=\frac{1}{M}x(t)$$

把 M=1 和 k_f=0.1 代入方程，得

$$\frac{dy(t)}{dt}+0.1y(t)=x(t)$$

MATLAB 程序如下：

```
t=[0:0.1:50];
```

```
bv=[1];
av=[1 0.1];
subplot(2, 1, 1);
sv=step(bv, av, t);
plot(t, sv), grid on; xlabel('t'), title('速度的阶跃响应');
subplot(2, 1, 2);
hv=impulse(bv, av, t);
plot(t, hv), grid on; xlabel('t'), title('速度的冲激响应');
```

波形如图 3 - 9 所示。

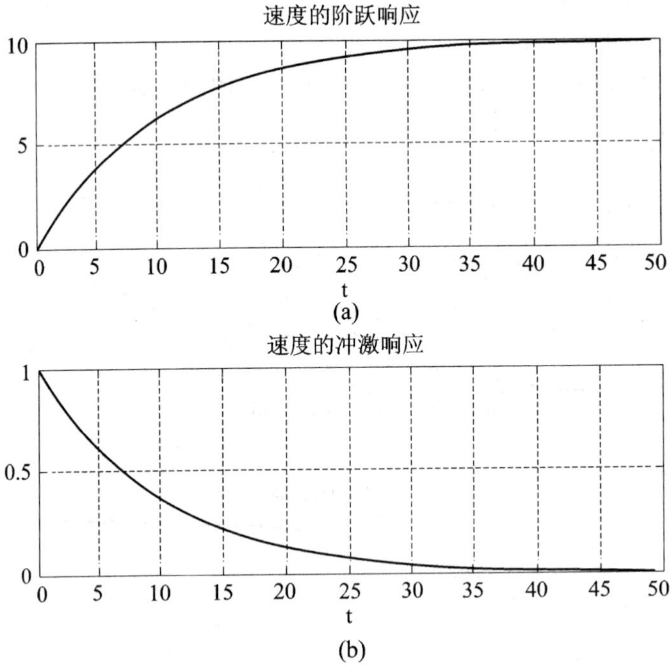

图 3 - 9　汽车速度的阶跃响应和冲激响应

(a) 阶跃响应；(b) 冲激响应

(3) 求位置 $y(t)$ 零状态响应的 MATLAB 程序如下：

```
t=[0 : 0.1 : 50];
by=[1];
ay=[1 0.1 0];
x1=sin(0.1 * pi * t);
y1=lsim(by, ay, x1, t);
plot(t, y1); grid on; xlabel('t'); title('位置的零状态响应');
```

波形如图 3 - 10 所示。

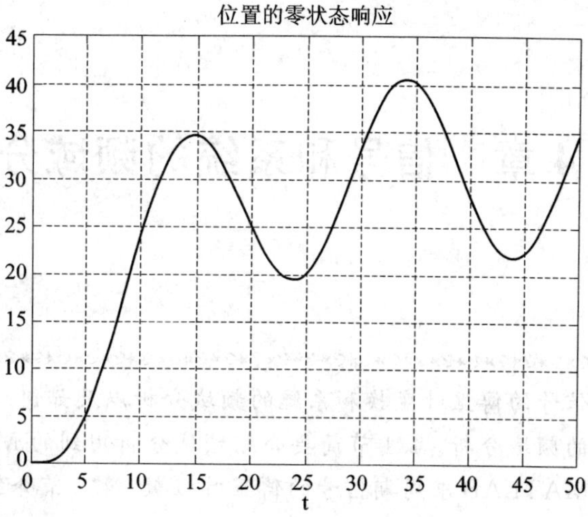

图 3 - 10　汽车位置的零状态响应

习　题

1. 计算信号 $x(t)$和 $h(t)$的卷积：

(1) $x(t)=h(t)=u(t)-u(t-1)$

(2) $x(t)=u(t)$，$h(t)=\mathrm{e}^{-2t}u(t)$

2. 求解微分方程$\dfrac{\mathrm{d}^2 y(t)}{\mathrm{d}t^2}+3\dfrac{\mathrm{d}y(t)}{\mathrm{d}t}+2y(t)=\dfrac{\mathrm{d}x(t)}{\mathrm{d}t}+3x(t)$的阶跃响应、冲激响应和零状态响应，其中输入信号 $x(t)=\mathrm{e}^{-3t}u(t)$。

3. RLC 电路如图 3 - 11 所示，输入信号 $x(t)$是电压 $u(t)$，输出信号 $y(t)$是电容上的电压 $u_c(t)$，求系统的输入、输出微分方程，并求系统的阶跃响应。

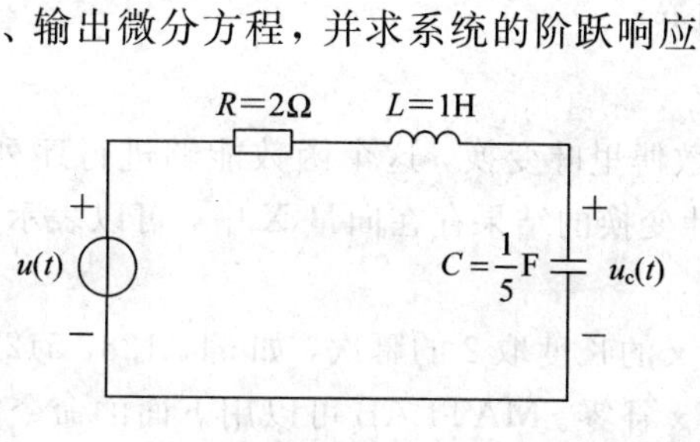

图 3 - 11　RLC 电路

第 4 章　信号和系统的频域分析

本章介绍信号的傅里叶变换和系统的频域分析以及如何用 MATLAB 进行信号和系统的频域分析。4.1 节简要介绍频域分析用到的 MATLAB 函数。4.2 节介绍用 MATLAB 求周期信号的傅里叶级数。4.3 节介绍用 MATLAB 求连续时间信号的傅里叶变换。4.4 节介绍用 MATLAB 求离散时间信号的傅里叶变换。4.5 节为系统的频域分析实例。

4.1　相关 MATLAB 函数

信号与系统的频域分析涉及到的 MATLAB 函数主要有：

fft

ifft

freqs

freqz

下面简要介绍这些函数。

1. fft

函数 fft 用来计算离散傅里叶变换，这个函数能够进行序列的快速傅里叶变换。如果把序列 x(n)的快速傅里叶变换的结果存在向量 X 中，可以表示为

```
X = fft(x)
```

为了提高计算效率，向量 x 的长度取 2 的幂次，如 64、128、512、1024、2048 等。为了得到适当的长度，可以将向量 x 补零。MATLAB 可以用下面的命令自动完成这个工作，其中 N 要定义为 2 的幂次：

```
X = fft(x, N)
```

向量 x 的长度越长，快速傅里叶变换的坐标网格就越好。

2. ifft

ifft 函数用于计算傅里叶反变换：

```
x = ifft(X)
```

3. freqs

函数 freqs 可以直接计算系统的频率响应。要求系统的频率响应，可以将系统的频率响应函数 $H(\mathrm{j}\omega)$的分子和分母的系数保存到向量 num 和 den 中。可以定义一个向量 w 包含需要计算频率响应的频率范围，例如 w=a：b：c，其中 a 是最低频率，c 是最高频率，b 是频率增量。如果没有输出参数，直接调用

```
freqs(num, den, w)
```

则 MATLAB 会在当前绘图窗口自动画出幅频特性和相频特性的曲线。要是不定义 w，命令

```
freqs(num, den)
```

自动选择画出 $H(\mathrm{j}\omega)$的频率范围。如果命令是

```
H = freqs(num, den, w)
```

向量 H 为返回值，包含的是 w 中每个频率点对应的频率响应值，它是一个复向量，如果需要得到系统的幅频特性和相频特性，还需要用 abs 和 angle 函数分别求得。

4. freqz

函数 freqz 可以用来计算离散系统的频率响应，即求得离散系统的冲激响应的离散时间傅里叶变换(DTFT)。将系统的频率响应函数 $H(\mathrm{e}^{\mathrm{j}\omega})$的分子和分母的系数保存到向量 num 和 den 中，命令

```
[H omega] = freqz(num, den, N);
```

计算出在 0 和 π 之间的 N 个等分频率(即 $\omega_k=(\pi/N)k$，$0\leqslant k\leqslant N-1$)上的频率响应 $H(\mathrm{e}^{\mathrm{j}\omega})$。这里系数向量 num 和 den 的格式与函数 filter 的要求相同。输出向量 H 保存的是 $H(\mathrm{e}^{\mathrm{j}\omega_k})$，向量 omega 保存的是频率 ω_k。如果需要得到系统的幅频特性和相频特性，可以用 abs(H)和 angle(H)分别求得。命令

```
[H omega] = freqz(num, den, N, 'whole');
```

能计算出在 0 和 2π 之间的 N 个等分频率(即 $\omega_k=(2\pi/N)k$，$0\leqslant k\leqslant N-1$)上的频率响应 $H(\mathrm{e}^{\mathrm{j}\omega})$。如果需要自己定义所需的频率范围，可以用命令

```
H = freqz(num, den, omega);
```

例如 omega=－pi：2＊pi/100：pi。

4.2 周期信号的傅里叶级数

如果连续信号 $x(t)$是周期信号，那么对于一切 t，存在某个正值 T，有

$$x(t)=x(t+T)\qquad -\infty<t<\infty \tag{4.1}$$

满足上式的最小正值 T 称为信号的基本周期，而 $\omega_0=2\pi/T$ 称为基本频率。

周期信号可以表示为三角函数或复指数函数的线性组合，称为周期信号 $x(t)$的傅里叶级数。周期信号 $x(t)$表示为复指数信号和的形式为

$$x(t)=\sum_{k=-\infty}^{\infty}c_k\mathrm{e}^{\mathrm{j}k\omega_0 t}\qquad -\infty<t<\infty \tag{4.2}$$

式中，c_0 是实数，$c_k(k\neq 0)$一般是复数。复指数项系数 c_k 可以由下式计算：

$$c_k=\frac{1}{T}\int_{-T/2}^{T/2}x(t)\mathrm{e}^{-\mathrm{j}k\omega_0 t}\,\mathrm{d}t \qquad k=0,\pm 1,\pm 2,\cdots \tag{4.3}$$

c_0 项是常数项，即 $x(t)$的直流分量，可以把式(4.3)简化为下式求得：

$$c_0=\frac{1}{T}\int_{-T/2}^{T/2}x(t)\mathrm{d}t \tag{4.4}$$

周期信号 $x(t)$表示为三角函数和的形式为

$$x(t)=c_0+\sum_{k=1}^{\infty}2\mid c_k\mid\cos(k\omega_0 t+\varphi_k) \qquad -\infty<t<\infty \tag{4.5}$$

式中，c_0 是信号的直流分量，$2|c_k|\ \cos(k\omega_0 t+\varphi_k)$是信号的谐波分量，$|c_k|$和 φ_k 分别为 c_k 的模和辐角。

从式(4.2)至式(4.5)可以看出，周期信号的傅里叶级数是把信号表示为不同频率的正弦信号或复指数信号的叠加，这些分量的振幅和相位都是频率的函数，随着频率的变化而变化。以 ω 作为变量，可以画出振幅$|c_k|$或 $2|c_k|$随 ω 变化的曲线，以及相位随 ω 变化的曲线。由于 $x(t)$的频率分量是离散的，在每个频率点上可以画一条对应 ω_k 的垂线，线的长度就代表振幅或相位的大小，这种图称为线谱图。振幅随 ω 变化的线谱图称为振幅频谱；相位随 ω 变化的线谱图称为相位频谱。通过周期信号的谱图，可以从频率分量的角度来分析信号。

例 4－1　绘制周期锯齿信号的频谱图。

设有一个周期锯齿信号 $x(t)$，信号的基本周期为 $T=2(\omega_0=2\pi/T=\pi)$，信号的波形如图 4－1 所示。画出信号的振幅频谱和相位频谱。

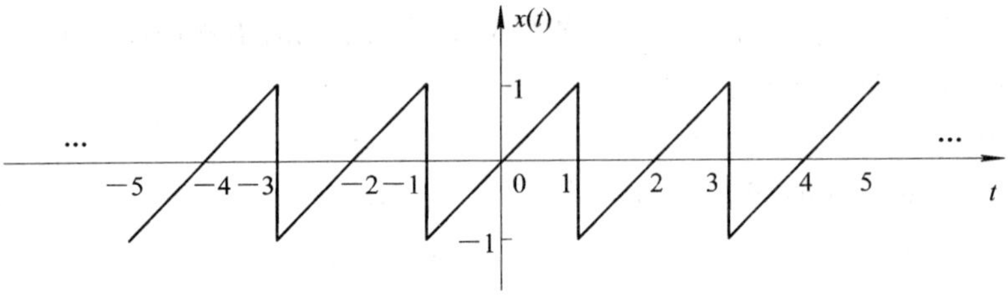

图 4－1　周期锯齿信号

解：根据式(4.4)得直流分量 c_0 为

$$c_0=\frac{1}{2}\int_{-1}^{1}x(t)\mathrm{d}t=\frac{1}{2}\int_{-1}^{1}t\,\mathrm{d}t=0$$

根据式(4.3)得 c_k 为

$$\begin{aligned}c_k&=\frac{1}{2}\int_{-1}^{1}x(t)\mathrm{e}^{-\mathrm{j}k\omega_0 t}\,\mathrm{d}t=\frac{1}{2}\int_{-1}^{1}t\ \mathrm{e}^{-\mathrm{j}k\pi t}\,\mathrm{d}t=\mathrm{j}\,\frac{\cos(k\pi)}{k\pi}\\&=\mathrm{j}\,\frac{1}{k\pi}(-1)^{|k|} \qquad k=\pm 1,\pm 2,\cdots\end{aligned}$$

所以信号的振幅频谱为

$$|c_1|=|c_{-1}|=\frac{1}{\pi},\quad |c_2|=|c_{-2}|=\frac{1}{2\pi},\quad |c_3|=|c_{-3}|=\frac{1}{3\pi},\cdots$$

c_k 的辐角 φ_k 可以表示为

$$\varphi_k = \begin{cases} -\dfrac{\pi}{2} & k = 1, 2, \cdots \\ \dfrac{\pi}{2} & k = -1, -2, \cdots \end{cases}$$

所以信号的相位频谱为

$$\varphi_1 = \frac{-\pi}{2},\quad \varphi_{-1} = \frac{\pi}{2},\quad \varphi_2 = \frac{-\pi}{2},\quad \varphi_{-2} = \frac{\pi}{2},\quad \varphi_3 = \frac{-\pi}{2},\quad \varphi_{-3} = \frac{\pi}{2},\quad \cdots$$

根据以上分析结果，画出信号振幅频谱的 MATLAB 程序如下：

```
%振幅频谱
N =input('级数谐波项数 N 的值：  ');
c0 = 0;
w0 = pi;
stem(0, c0)
hold on
for k=1 : N,
   ck = 1/k/pi;
   c_k = ck;
   stem([-k * w0], [c_k])
   stem([k * w0], [ck])
end
ylabel('|c_k|')
xlabel('Frequency (rad/sec)')
```

根据定义周期信号的级数项数是无穷多项，但是 MATLAB 程序只能表示出有限多项，所以在程序中加入了设置项数的 input 命令：N =input('级数谐波项数 N 的值：')，运行程序后，会在命令窗口显示提示语句：

级数谐波项数 N 的值：

在提示语句后面输入一个正整数，回车即可运行程序。如输入项数为"6"，则结果如图 4-2 所示。

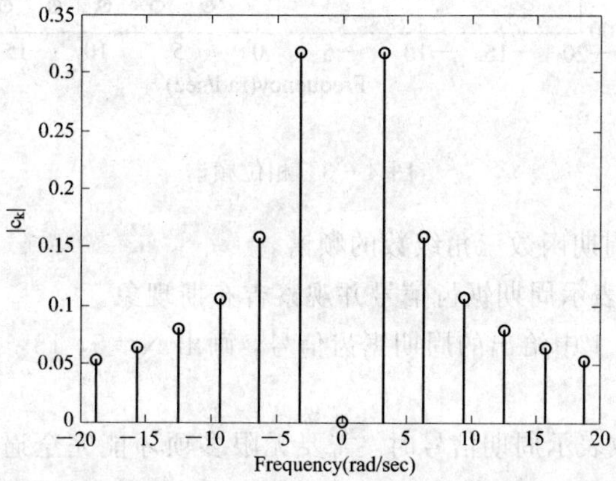

图 4-2　振幅频谱

画出信号相位频谱的 MATLAB 程序如下：

```
%相位频谱
N =input('级数谐波项数 N 的值：  ');
w0 = pi;
stem(0, 0)
hold on
for k=1 : N,
   theta = -pi/2;
   theta = theta * 180/pi;
   theta_a = -theta;
   stem([-k * w0], [theta_a])
   stem([k * w0], [theta])
end
xlabel('Frequency (rad/sec)')
ylabel('\phi_k (degrees)')
```

该程序中也加入了设置项数的命令，输入项数为“6”，运行结果如图 4－3 所示。

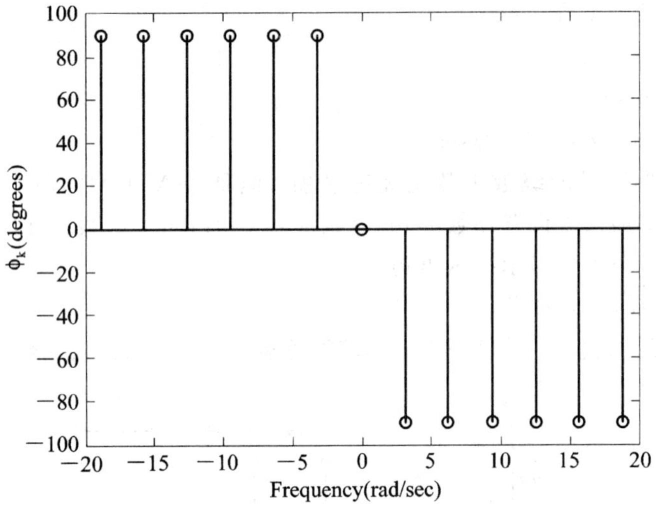

图 4－3　相位频谱

请读者自己画出周期函数三角级数的频谱。

例 4－2　用级数表示周期锯齿信号并观察吉布斯现象。

用级数表示例 4－1 中给出的周期锯齿信号，画出 N=5，15，45 时的波形，并观察吉布斯现象。

解： 用傅里叶级数表示周期信号时，需要无限多项才能完全逼近原函数。但是实际应用中，可以用有限项级数来近似表示，所选项数越多，级数就越逼近原函数，当 $N\to\infty$ 时，级数 $x_N(t)$ 应趋近信号 $x(t)$。但是，对于周期信号 $x(t)$，在 $x(t)$ 的不连续处，$x(t)$ 的傅里叶级数在任何一点实际上都不等于 $x(t)$。如 $x(t)$ 在 $t=t_1$ 处不连续，那么其傅里叶级数在 t_1^- 和 t_1^+ 处都大约偏离 9%。这种特性称为吉布斯(Gibbs)现象。

根据例 4-1 中的分析，可以写出周期锯齿信号的傅里叶级数表达式：

$$x(t)=\sum_{\substack{k=-\infty\\k\neq 0}}^{\infty} \mathrm{j}\,\frac{(-1)^{|k|}}{k\pi}\,\mathrm{e}^{\mathrm{j}k\omega_0 t} \qquad -\infty<t<\infty$$

MATLAB 程序如下：

```
t = -3 : 6/1000 : 3;
N =input('级数谐波项数 N 的值：  ');
c0 = 0;
w0 = pi;
xN = c0 * ones(1, length(t)); % 直流分量
for k=1 : N,
   ck = j/k/pi * (-1)^k;
   c_k = -ck;
   xN = xN + ck * exp(j * k * w0 * t) + c_k * exp(-j * k * w0 * t); % 叠加谐波分量
end
plot(t, xN)
title(['N = ', num2str(N)])
xlabel('Time (sec)')
ylabel(['x', num2str(N), '(t)'])
```

N=5 时，信号波形如图 4-4 所示。

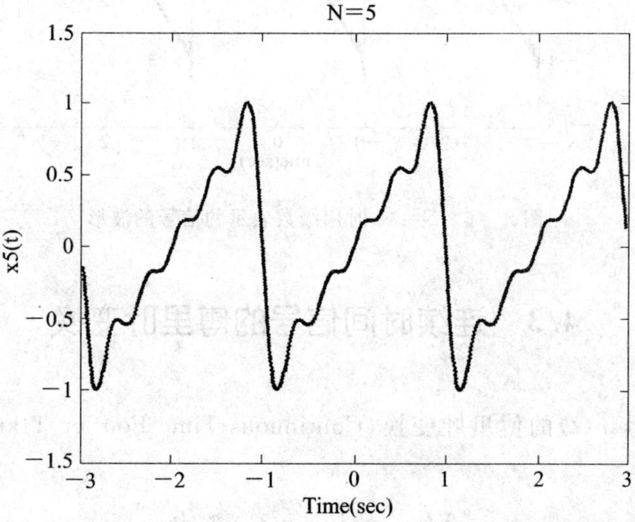

图 4-4　N=5 时用级数表示的信号的波形

N=15 时，信号波形如图 4-5 所示。

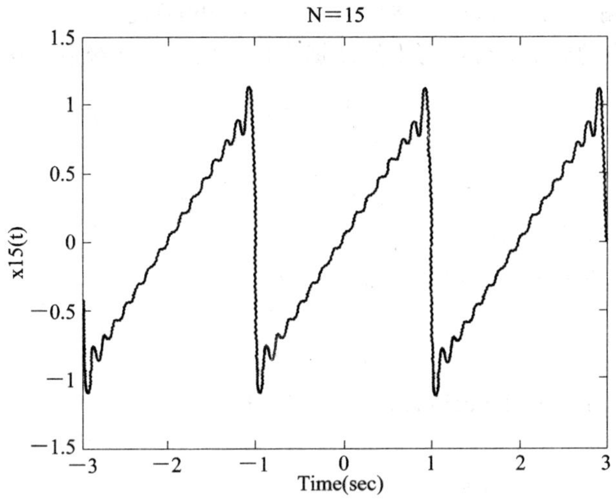

图 4-5 N=15 时用级数表示的信号的波形

N=45 时，信号波形如图 4-6 所示。

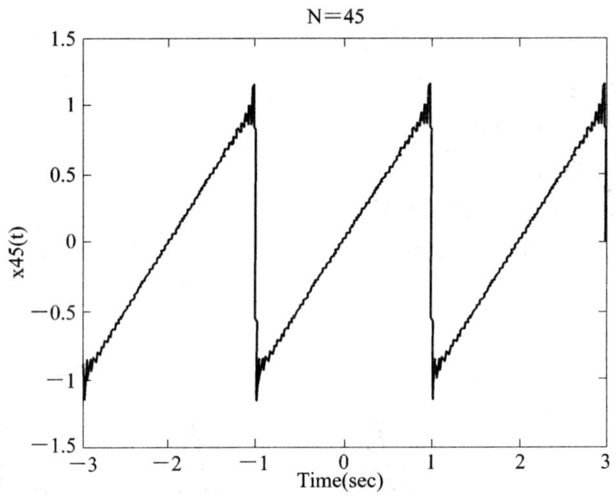

图 4-6 N=45 时用级数表示的信号的波形

4.3 连续时间信号的傅里叶变换

连续时间信号 $x(t)$ 的傅里叶变换(Continuous-Time Fourier Transform，CTFT)定义为

$$X(\omega) = \int_{-\infty}^{\infty} x(t) e^{-j\omega t} \, dt \tag{4.6}$$

傅里叶反变换的定义为

$$x(t)=\frac{1}{2\pi}\int_{-\infty}^{\infty}X(\omega)e^{j\omega t}\,d\omega \tag{4.7}$$

一般情况下，傅里叶变换 $X(\omega)$是频率变量 ω 的复数函数。为了确切说明 $X(\omega)$，通常需要求出它的模函数$|X(\omega)|$和辐角函数 $\varphi(\omega)$。模函数$|X(\omega)|$随 ω 变化的曲线称为振幅频谱；辐角函数 $\varphi(\omega)$随 ω 变化的曲线称为相位频谱。

用 MATLAB 可以计算连续时间傅里叶变换积分的数值近似。先对连续时间信号进行等间隔采样，再利用 fft 函数计算连续时间傅里叶变换的近似值。根据傅里叶变换的定义，近似计算可以用公式表示为

$$\int_{-\infty}^{\infty}x(t)e^{-j\omega t}\,dt=\lim_{\tau\to 0}\sum_{n=-\infty}^{\infty}x(n\tau)e^{-j\omega n\tau}\tau \tag{4.8}$$

在 τ 足够小的情况下，式(4.8)等号右边的和式就是连续时间傅里叶变换很好的近似。若信号 $x(t)$存在于 $0\leqslant t<T$ 的范围内，那么式(4.8)可以写成

$$\int_{-\infty}^{\infty}x(t)e^{-j\omega t}\,dt=\int_{0}^{T}x(t)e^{-j\omega t}\,dt\approx\sum_{n=0}^{N-1}x(n\tau)e^{-j\omega n\tau}\tau \tag{4.9}$$

其中，$T=N\tau$，N 为一个整数。

用函数 fft 可以对一组离散的频率 ω_k 计算式(4.9)中的和式，如果信号 $x(t)$的采样信号 $x(n\tau)$的 N 个样本存在向量 x 中，那么，向量 X=tau * fft(x)(式中 tau 代表符号 τ)就表示用函数 fft 计算出式(4.9)中连续时间傅里叶变换 $X(\omega)$的 N 个样本 $X(\omega_k)$，用向量表示为

$$X(k+1)=\tau\sum_{n=0}^{N-1}x(n\tau)e^{-j\omega_k n\tau}\qquad 0\leqslant k<N \tag{4.10}$$

其中，

$$\omega_k=\begin{cases}\dfrac{2\pi k}{N\tau} & 0\leqslant k\leqslant\dfrac{N}{2}\\[2ex] \dfrac{2\pi k}{N\tau}-\dfrac{2\pi}{\tau} & \dfrac{N}{2}+1\leqslant k<N\end{cases} \tag{4.11}$$

设 N 为偶数。

为了提高计算效率，函数 fft 先产生正频率的样本。要按频率上升顺序排列，可以使用函数 fftshift。如要将存入向量 X 中的样本排列成在$\dfrac{-\pi}{\tau}+\dfrac{2\pi k}{N\tau}(k=0,1,\cdots,N-1)$上的傅里叶变换的结果，就可以用命令 X=fftshift(tau * fft(x))。

例 4-3　求信号 $x(t)=e^{-10t}u(t)$的连续时间傅里叶变换，画出振幅频谱，并且与用解析式法求得的频谱进行比较。

解：信号 $x(t)=e^{-10t}u(t)$是无限长的信号，但是当 $t>5$ 时信号基本上为零，所以取信号范围为 $0\leqslant t<5$，即 $T=5$。取 $\tau=0.01$，则 $N=T/\tau=500$。

创建向量 x 存储 $x(n\tau)$的样本，对应的时间向量样本区间为 t=[0：tau：(T－tau)]；创建向量 X 存储 $X(\omega_k)$的样本，对应的频率向量样本区间为 w=－(pi/tau)＋(0：N－1) *(2 * pi/(N * tau))。

用解析式求得信号的频谱函数为

$$X(\omega)=\frac{1}{10+j\omega}$$

可以用函数 abs 求出 $X(\omega)$的模。

MATLAB 程序如下：

```
tau=0.01; T=5; N=T/tau;
t=[0 : tau : (T-tau)]; x=exp(-10 * t);
X=fftshift(tau * fft(x)); X=abs(X);
w=-(pi/tau)+(0 : N-1) * (2 * pi/(N * tau));
Xe=1./(10+j * w); Xe=abs(Xe);
plot(w, X, w, Xe, 'ro')
legend('X - fft', 'Xe -解析式')
xlabel('Frequency (rad/sec)')
ylabel('|X|')
```

结果如图 4－7 所示。

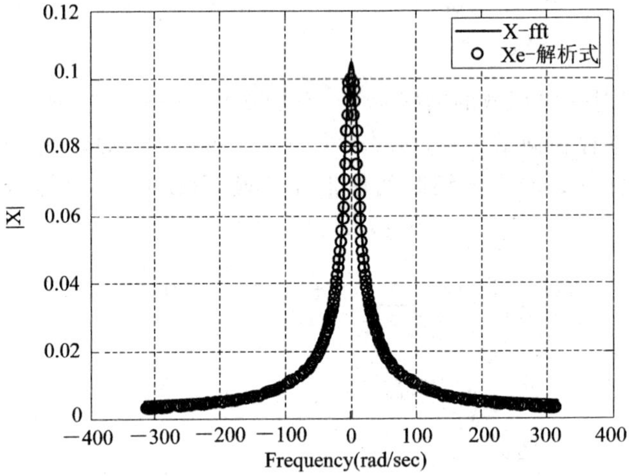

图 4－7　信号 $x(t)=\mathrm{e}^{-10t}$ 振幅频谱图

图中"—"表示的是用函数 fft 根据式(4.8)至式(4.11)求出的信号的振幅频谱，"o"表示的是用解析式法求出的信号的振幅频谱，二者基本一致。

4.4　离散时间信号的傅里叶变换

离散时间傅里叶变换(Discrete-Time Fourier Transform，DTFT)也称为序列的傅里叶变换，定义为

$$X(\mathrm{e}^{\mathrm{j}\omega}) = \sum_{n=-\infty}^{\infty} x(n)\mathrm{e}^{-\mathrm{j}\omega n} \tag{4.12}$$

其傅里叶反变换的定义为

$$x(n) = \frac{1}{2\pi}\int_{-\pi}^{\pi} X(\mathrm{e}^{\mathrm{j}\omega})\mathrm{e}^{\mathrm{j}n\omega}\,\mathrm{d}\omega \tag{4.13}$$

$X(\mathrm{e}^{\mathrm{j}\omega})$是频率变量 ω 的复数函数，与连续时间傅里叶变换不一样的是，离散时间傅里叶变

换 $X(e^{j\omega})$是一个周期为 2π 的周期函数。$|X(e^{j\omega})|$是它的模函数，$\varphi(\omega)$是它的辐角函数。模函数$|X(e^{j\omega})|$随 ω 变化的曲线称为振幅频谱；辐角函数 $\varphi(\omega)$随 ω 变化的曲线称为相位频谱。离散时间傅里叶变换 $X(e^{j\omega})$是频率 ω 的连续函数，因为它是一个周期为 2π 的函数，所以其振幅频谱和相位频谱曲线一般都画在 $-\pi \leqslant \omega \leqslant \pi$ 或 $0 \leqslant \omega \leqslant 2\pi$ 的区间内。

计算一个信号的离散时间傅里叶变换也可以用 MATLAB 中的 fft 函数，但是在计算过程中存在两个问题。首先，MATLAB 的向量只能表示有限长的信号，如果 $x(n)$是无限长的，要将其截断，变成一个有限长的信号。第二，$X(e^{j\omega})$是定义在连续变量 ω 上的函数，但是 MATLAB 只能在一组离散的频率样本上求值，不过如果将频率样本选得足够多，那么由这些样本得到的结论是真正 DTFT 很好的近似。

为了使计算高效，最好选取在 $0 \leqslant \omega < 2\pi$ 区间内的一组频率样本，由 $\omega_k = 2\pi k/N$，$k=0, 1, \cdots, N-1$ 给出 N 个等分频率点。对于一个存在于 $0 \leqslant n < M$ 范围内的非零信号 $x(n)$，这组频率样本对应的离散时间傅里叶变换为

$$X(e^{j\omega_k}) = \sum_{n=0}^{M-1} x(n) e^{-j2\pi kn/N} \quad k = 0, 1, \cdots, N-1 \tag{4.14}$$

这个计算过程可以用函数 fft 实现，如果信号 $x(n)$的 M 个样本存在向量 x 中，那么，向量 X= fft(x, N)($N \geqslant M$)就表示用函数 fft 计算出式(4.14)中离散时间傅里叶变换 $X(e^{j\omega})$的 N 个样本 $X(e^{j\omega_k})$。由于 $N < M$ 的情况比较复杂，这里就不详细介绍了。

由于离散时间傅里叶变换具有周期性，$k \geqslant N/2$ 的向量 X 的值就是 $-\pi \leqslant \omega < 0$ 区间上的$X(e^{j\omega_k})$的样本值，因此，如果想在 $-\pi \leqslant \omega_k < \pi$ 区间画出曲线，可以用 fftshift 函数将向量 X 的后一半样本值与前一半样本值交换。

例 4-4 求信号 $x(n)=u(n)-u(n-5)$的离散时间傅里叶变换，画出振幅频谱，并且与用解析式法求得的频谱进行比较。

解：创建向量 x 存储 $x(n)$的样本，对应的时间向量样本区间为 n=[0 : 4]，所以 M=5；创建向量 X 存储$X(e^{j\omega_k})$的样本，对应的频率向量样本区间为 w=2 * pi * [0 : N-1]/N，取 N=100。

用解析式求得信号的频谱函数为

$$X(e^{j\omega}) = e^{-j2\omega}\left[\frac{\sin\left(\frac{5\omega}{2}\right)}{\sin\left(\frac{\omega}{2}\right)}\right]$$

可以用函数 abs 求出 $X(e^{j\omega_k})$的模。

MATLAB 程序如下：

```
n=0 : 4;
x=[ones(1, 5)];
w=2 * pi * [0 : 99]/100; % 0≤ω<2π
X=fft(x, 100);
X1=zeros(size(w));
M=5;
den=sin(w/2);
num=sin(M * w/2);
```

```
X1(den~=0)=num(den~=0)./den(den~=0);
X1(den==0)=M;
w=w-pi;                    %-π≤ω<π
X=fftshift(fft(x, 100));
den=sin(w/2);
num=sin(M*w/2);
X1(den~=0)=num(den~=0)./den(den~=0);
X1(den==0)=M;
figure
plot(w, abs(X), 'r+', w, abs(X1))
ylabel('|X|')
xlabel('\omega')
grid on
legend('X-fft', 'X1-解析式')
```

程序中计算了 $0\leqslant\omega<2\pi$ 和 $-\pi\leqslant\omega<\pi$ 两个区间的离散时间傅里叶变换，画出的是在 $-\pi\leqslant\omega\leqslant\pi$ 区间的振幅频谱，结果如图 4-8 所示。

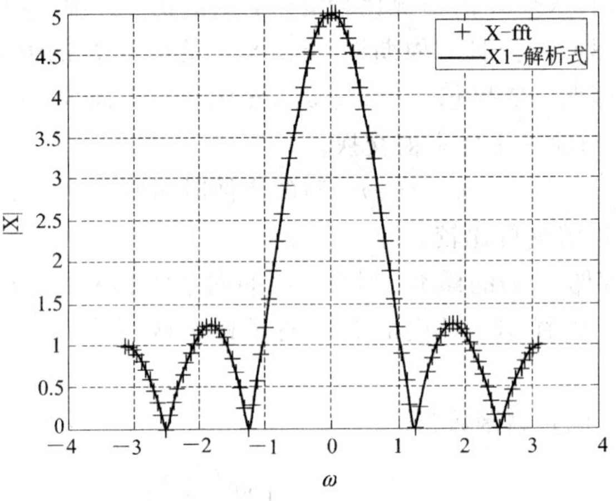

图 4-8　信号 $x(n)=u(n)-u(n-5)$ 振幅频谱图

图中"+"表示的是用函数 fft 根据式(4.14)求出的信号的振幅频谱，"—"表示的是用解析式法求出的信号的振幅频谱，二者基本一致。

4.5　系统的频域分析实例

系统的频域分析主要研究傅里叶级数和傅里叶变换在线性时不变系统中的应用。下面通过几个实例介绍 MATLAB 在系统频域分析中的应用。

例 4-5　*RC* 电路的频率响应。

RC 电路如图 4-9 所示，电压信号 $u(t)$ 为输入信号 $x(t)$，电容两端的电压信号 $u_C(t)$ 为输出信号 $y(t)$，按下面的要求分析这个电路。

(1) 求出系统的频率响应函数 $H(j\omega)$的表达式，设 $RC=0.001$，画出波形，分析系统的频率特性；

(2) 用函数 freqs 求系统的频率响应，与(1)中用系统的频率响应函数表达式画出的波形进行比较；

(3) 设输入信号为 $x(t)=\cos(10t)+\cos(3000t)$，用频域分析法求系统对 $x(t)$的响应 $y(t)$，并在 $-1\leqslant t\leqslant 1$ 区间内画出输入、输出信号的波形。

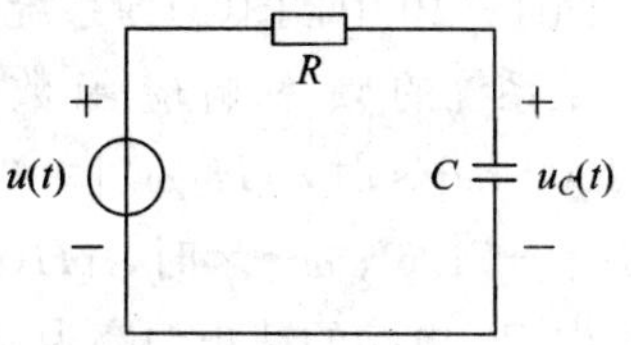

图 4-9　RC 电路

解:

(1) 系统的频率响应函数表达式为

$$H(\omega)=\frac{\frac{1}{RC}}{j\omega+\frac{1}{RC}}=\frac{1000}{j\omega+1000}$$

MATLAB 程序如下：

```
RC = 0.001;
w = 0:50:5000;
H = (1/RC)./(j*w+1/RC);
magH = abs(H);
angH = 180*angle(H)/pi;
subplot(2, 1, 1), plot(w, magH)
subplot(2, 1, 2), plot(w, angH);
```

画出的波形如图 4-10 所示。

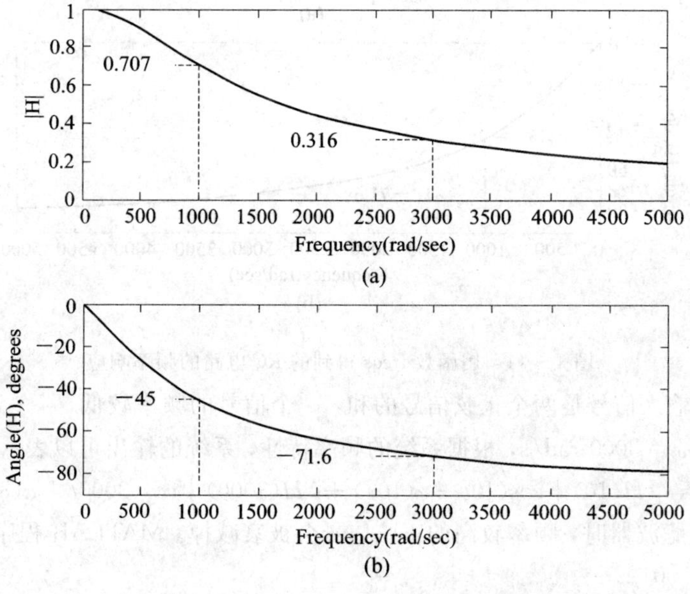

图 4-10　RC 电路的频率响应

图 4 - 10 中，图(a)为系统的幅频特性，图(b)为系统的相频特性。

从系统的频率响应函数表达式可以求得：$\omega=0$ 时，$|H(\omega)|=1$，$\varphi(\omega)=0°$；$\omega=1000$ rad/s 时，$|H(\omega)|=0.707$，$\varphi(\omega)=-45°$；$\omega=3000$ rad/s 时，$|H(\omega)|=0.316$，$\varphi(\omega)=-71.6°$；$\omega\to\infty$时，$|H(\omega)|\to 0$，$\varphi(\omega)\to -90°$。所以，RC 电路为一个一阶低通滤波器，本题中 RC 电路的截止频率为 $\omega_0=1000$ rad/s。

(2) 用函数 freqs 也可以求出系统的频率响应，MATLAB 程序如下：

```
w =linspace(0, 5000);
a=[1 1000];
b=1000;
H=freqs(b, a, w);
magH = abs(H);
angH = 180 * angle(H)/pi;
subplot(2, 1, 1), plot(w, magH);
subplot(2, 1, 2), plot(w, angH);
```

画出的波形如图 4 - 11 所示。显然，图 4 - 11 和图 4 - 10 的结果是一致的。

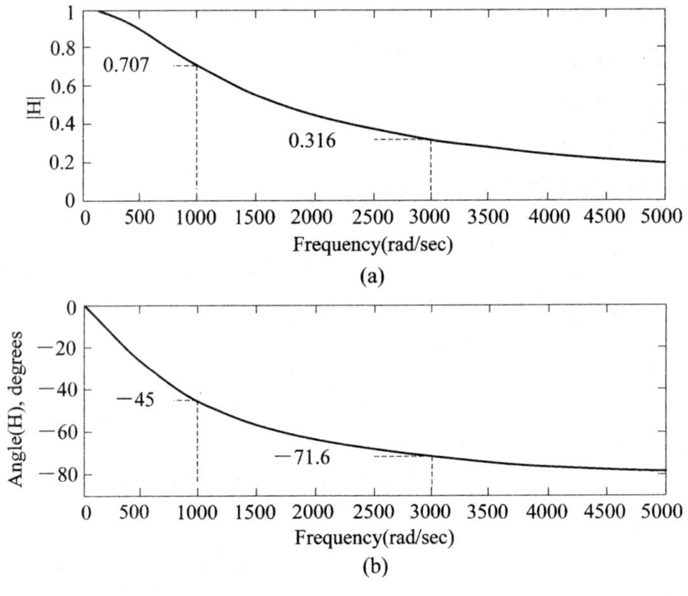

图 4 - 11 用函数 freqs 得到的 RC 电路的频率响应

(3) 系统的输入信号是两个正弦信号的和，一个信号的频率较低，$\omega_1=10$ rad/s，一个信号的频率较高，$\omega_2=3000$ rad/s，根据系统的频率特性，系统的输出可以表示为

$$y(t)=|H(10)|\cos(10t+\varphi(10))+|H(3000)|\cos(3000t+\varphi(3000))$$

当信号通过低通滤波器时，频率较高的正弦信号会被衰减掉。MATLAB 程序如下：

```
RC = 0.001;
t = -1 : .2/100 : 1;
w1 = 10; w2 = 3000;
Hw1 = (1/RC)/(j * w1+1/RC);
```

```
Hw2 = (1/RC)/(j * w2+1/RC);
x = cos(w1 * t) + cos(w2 * t);
y = abs(Hw1) * cos(w1 * t+angle(Hw1))+abs(Hw2) * cos(w2 * t+angle(Hw2));
subplot(2, 1, 1), plot(t, x)
ylabel('x(t)')
xlabel('Time (sec)')
subplot(2, 1, 2), plot(t, y);
xlabel('Time (sec)')
ylabel('y(t)')
```

画出的波形如图 4 - 12 所示。

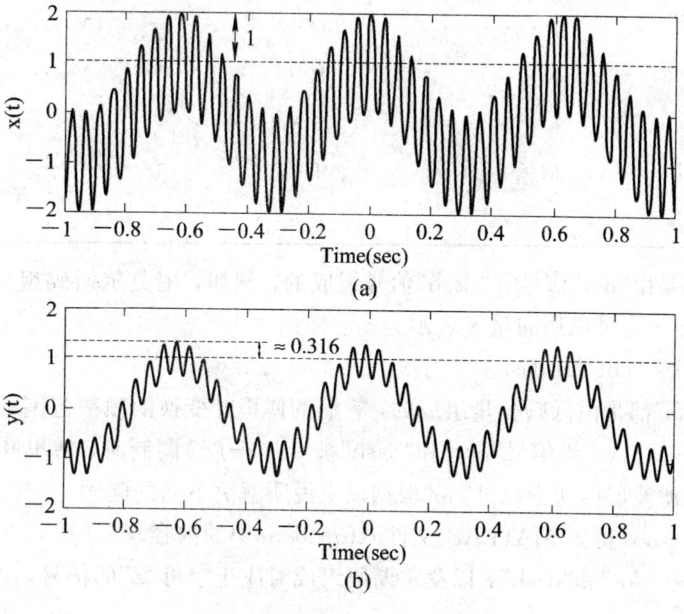

图 4 - 12　输入波形和输出波形

图 4 - 12 中，图(a)为输入信号的波形，图(b)为输出信号的波形。从图中可以看出，两图中低频信号的振幅几乎相同，而输出信号中高频信号的幅值有了一定的衰减，大约为原幅度值的 0.316 倍。

例 4 - 6　破译密码(幅度调制)。

幅度调制是一种常用的信号调制方法，一种简单的幅度调制可以表示为

$$s(t)=m(t)\cos(\omega_0 t)=m(t)\cos(2\pi f_0 t)$$

其中，$m(t)$为调制信号，$\cos(\omega_0 t)$为载波信号，f_0 是载波的频率，$s(t)$为已调信号。根据傅里叶变换的性质，容易求出已调信号的频谱 $S(\mathrm{j}\omega)$为

$$S(\mathrm{j}\omega)=\frac{1}{2}M(\mathrm{j}(\omega-2\pi f_0))+\frac{1}{2}M(\mathrm{j}(\omega+2\pi f_0))$$

其中，$M(\mathrm{j}\omega)$为调制信号 $m(t)$的傅里叶变换。从已调信号的频谱可以看出，幅度调制把调制信号的频谱搬移到载波的频率附近。

假设有一个代码被编写在信号 $x(t)$中，它是“技术的未来在于…”这句话的最后几个字。破译这个代码所需的信息包含在 MATLAB 文件 ctftmod. m 中，文件中包括一个低通滤波器的频率响应的参数、典型的“dot”信号和“dash”信号的样本、载波的频率 f_1 和 f_2，还有信号 $x(t)$的样本。信号 $x(t)$表示为

$$x(t) = m_1(t)\ \cos(2\pi f_1 t) + m_2(t)\ \sin(2\pi f_2 t) + m_3(t)\ \sin(2\pi f_1 t)$$

信号 $m_1(t)$、$m_2(t)$和 $m_3(t)$对应于字母表中的一个字母，字母表用国际莫尔斯码进行编码，编码见表 4－1。

表 4－1　莫尔斯码编码表

A •－	H • • • •	O－－－	V • • • －
B－ • • •	I • •	P • －－ •	W • －－
C－ • － •	J • －－－	Q－－ • －	X－ • • －
D－ • •	K－ • －	R • － •	Y－ • －－
E •	L • － • •	S • • •	Z－－ • •
F • • － •	M－－	T－	
G－－ •	N－ •	U • • －	

每个字母都是由“dot”信号和“dash”信号组成的，例如，用莫尔斯码组成对应于字母“X”的信号为“－ • • －”，可以用向量 x 表示为

x ＝ [dash dot dot dash]

信号“dot”和“dash”都是由低频分量组成的，它们的傅里叶变换的频率范围都大致位于给出的低通滤波器的通带之内。当信号“dot”和“dash”被 $\cos(2\pi f_1 t)$调制时，傅里叶变换中的大部分能量都会移到该滤波器的通带以外。试根据以上说明解决下面的问题。

(1) 用命令 whos 得到 MATLAB 文件 ctftmod. m 中的内容。

(2) 利用信号“dot”和“dash”，以莫尔斯码组成对应于字母“Z”的信号，并对 t 画出这个信号的波形。

(3) 用 freqs 画出文件中给出的滤波器的频率响应。

(4) 用 lsim 求“dot”和“dash”信号通过滤波器的响应，画出原信号和输出信号的波形，说明这两个信号都是由低频分量组成的。

(5) 当“dash”信号被 $\cos(2\pi f_1 t)$调制以后，用信号 $y(t)$表示已调信号，用 lsim 求 $y(t)$通过滤波器的响应，画出信号 $y(t)$和输出信号 $y_o(t)$的波形，说明结果。

(6) 用解析法求下列信号的傅里叶变换：

$m_1(t)\ \cos(2\pi f_1 t)\ \cos(2\pi f_1 t)$

$m_2(t)\ \cos(2\pi f_1 t)\ \sin(2\pi f_2 t)$

$m_3(t)\ \cos(2\pi f_1 t)\ \sin(2\pi f_1 t)$

(7) 利用(5)、(6)中的结论，设计一个从信号 $x(t)$中提取信号 $m_1(t)$的方案，画出信号 $m_1(t)$的波形，并确定该信号代表的是哪个字母的莫尔斯码。

(8) 根据(7)的结果，分别从信号 $x(t)$中提取信号 $m_2(t)$和 $m_3(t)$，画出 $m_2(t)$和 $m_3(t)$的波形，并确定这两个信号代表的是哪些字母的莫尔斯码。

(9) 如果你是一个破译密码的侦探，你能根据以上的介绍得出技术的未来在于什么吗？

解：

(1) 在 MATLAB 命令窗口输入以下命令，可以得到结果：

```
>> clear
>> load ctftmod
>> whos
Name      Size          Bytes   Class
  af      1x6              48   double array
  bf      1x6              48   double array
  dash    1x2000        16000   double array
  dot     1x2000        16000   double array
  f1      1x1               8   double array
  f2      1x1               8   double array
  t       1x8000        64000   double array
  x       1x8000        64000   double array
```

这些就是文件 ctftmod. m 中的内容。其中 af 和 bf 是一个低通滤波器的频率响应的参数：

```
af = 1.0e+009 *[ 0.0000   0.0000   0.0000   0.0022   0.1024   2.3730]
bf = 1.0e+009 *[ 0   0.0000   0.0000   0.0000   0.0000   2.3730]
```

f1 和 f2 是载波的频率：

f1=200

f2=400

用 plot 命令画出典型的"dash"信号和"dot"信号的波形，如图 4 - 13 所示。

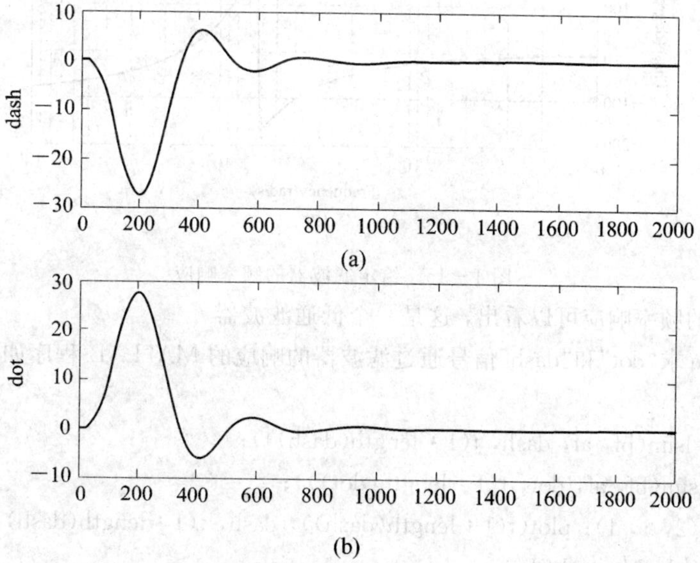

(a)

(b)

图 4 - 13　典型的"dash"信号和"dot"信号的波形

（2）字母“Z”的莫尔斯码组成为“- - · ·”，用向量 z 表示为：z = [dash dash dot dot]，用命令 plot(z)画出“Z”信号的波形如图 4 - 14 所示。

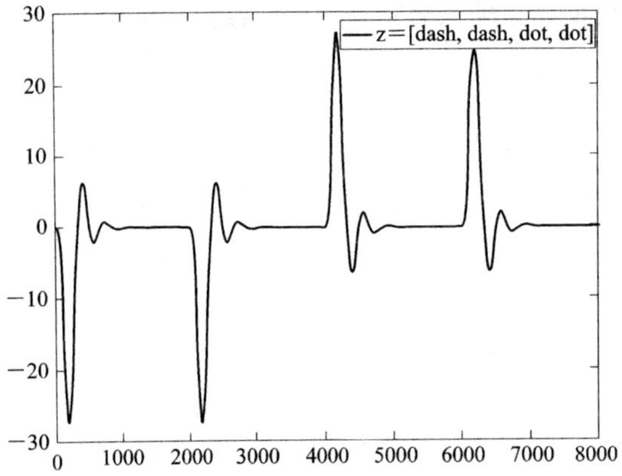

图 4 - 14　字母“Z”信号的波形

（3）用命令 freqs(bf, af)可以画出滤波器在对数坐标系下的频率响应如图 4 - 15 所示。

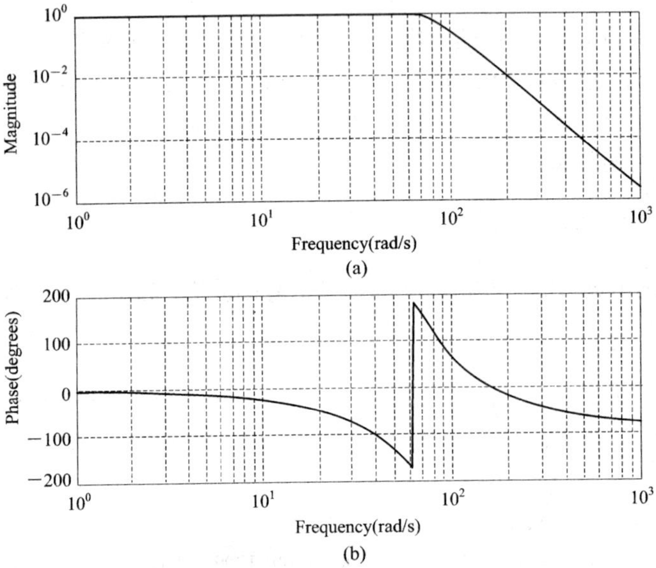

图 4 - 15　给定滤波器的频率响应

从滤波器的频率响应可以看出，这是一个低通滤波器。

（4）用 lsim 求“dot”和“dash”信号通过滤波器的响应的 MATLAB 程序如下：

```
figure
ydash=lsim(bf, af, dash, t(1 : length(dash)));
ydot=lsim(bf, af, dot, t(1 : length(dot)));
subplot(2, 1, 1); plot(t(1 : length(dash)), dash, t(1 : length(dash)), ydash, '--')
legend('dash', 'ydash')
subplot(2, 1, 2); plot(t(1 : length(dot)), dot, t(1 : length(dot)), ydot, '--')
legend('dot', 'ydot')
```

运行结果如图 4－16 所示。

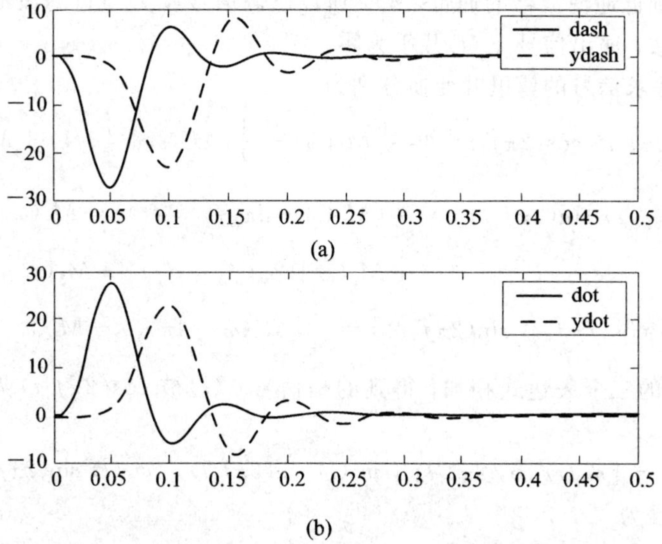

图 4－16　原信号和输出信号的波形

图 4－16 中，图(a)为“dash”信号和通过滤波器的输出信号“ydash”；图(b)为“dot”信号和输出信号“ydot”。从信号波形上可以看出，原信号和输出信号的波形基本一致，输出信号在幅度上有所改变，在时间上有一些延迟。这个结果说明这两个信号都是由低频分量组成的，它们的傅里叶变换的频率范围都大致位于给出的低通滤波器的通带之内。

(5) 用 lsim 求已调信号 $y(t)$通过滤波器的响应的 MATLAB 程序为：

```
figure
y=dash. * cos(2 * pi * f1 * t(1 : length(dash)));
yo=lsim(bf, af, y, t(1 : length(dash)));
plot(t(1 : length(dash)), y, t(1 : length(dash)), yo, 'r * ');
legend('y=dash * cos(2pi * f1 * t)', 'yo - system output of y')
```

运行结果如图 4－17 所示。

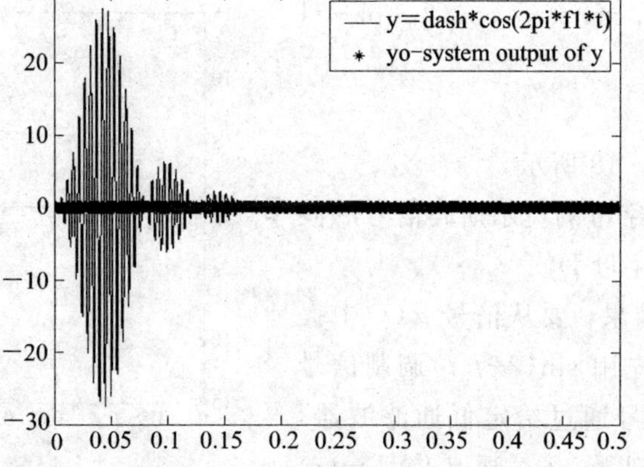

图 4－17　已调信号 $y(t)$和输出信号 $y_o(t)$的波形

图 4 - 17 中输出信号 $y_o(t)$ 几乎为零，这说明“dash”信号被 $\cos(2\pi f_1 t)$ 调制后，信号的频谱基本被搬移到低通滤波器的通带之外，所以已调信号 $y(t)$ 通过滤波器后，几乎所有的频率分量都被衰减，输出信号 $y_o(t)$ 几乎为零。

（6）用解析法求信号的傅里叶变换分别为：

$$F[m_1(t)\cos(2\pi f_1 t)\cos(2\pi f_1 t)] = \frac{1}{2}M_1(\omega) + \frac{1}{4}[M_1(\omega+4\pi f_1) + M_1(\omega-4\pi f_1)]$$

$$F[m_2(t)\cos(2\pi f_1 t)\sin(2\pi f_2 t)] = \frac{j}{4}[M_2(\omega+2\pi(f_2-f_1)) - M_2(\omega-2\pi(f_2-f_1)) + M_2(\omega+2\pi(f_2+f_1)) - M_2(\omega-2\pi(f_2+f_1))]$$

$$F[m_3(t)\cos(2\pi f_1 t)\sin(2\pi f_1 t)] = \frac{j}{4}[M_3(\omega+4\pi f_1) - M_3(\omega-4\pi f_1)]$$

（7）把(6)中的三个表达式相加，得到的是信号 $x(t)$ 被 $\cos(2\pi f_1 t)$ 调制的结果，表达式为

$$x(t)\cos(2\pi f_1 t) = [m_1(t)\cos(2\pi f_1 t) + m_2(t)\sin(2\pi f_2 t) + m_3(t)\sin(2\pi f_1 t)]\cos(2\pi f_1 t)$$

该已调信号的频谱为

$$\begin{aligned}F[x(t)\cos(2\pi f_1 t)] = {} & \frac{1}{2}M_1(\omega) + \frac{1}{4}[M_1(\omega+4\pi f_1) + M_1(\omega-4\pi f_1)] \\ & + \frac{j}{4}[M_2(\omega+2\pi(f_2-f_1)) - M_2(\omega-2\pi(f_2-f_1)) \\ & + M_2(\omega+2\pi(f_2+f_1)) - M_2(\omega-2\pi(f_2+f_1))] \\ & + \frac{j}{4}[M_3(\omega+4\pi f_1) - M_3(\omega-4\pi f_1)]\end{aligned}$$

已知 $f_1=200$，$f_2=400$，那么，$2\pi(f_2-f_1)=400\pi$，$2\pi(f_2+f_1)=1200\pi$，$4\pi f_1=800\pi$。从已调信号的频谱可知，如果要从信号 $x(t)$ 中提取信号 $m_1(t)$，可以先用 $\cos(2\pi f_1 t)$ 调制信号 $x(t)$，然后让已调信号通过一个低通滤波器，得到 $M_1(\omega)$，即可得到 $m_1(t)$。

考察题目给出的低通滤波器，其截止频率满足要求，所以，只要让已调信号通过这个低通滤波器，得到的输出信号就是与 $m_1(t)$ 波形相同的信号。

MATLAB 程序如下：

```
figure
m1=lsim(bf, af, x.*cos(2*pi*f1*t), t);
plot(t, m1)
```

输出波形如图 4 - 18 所示。

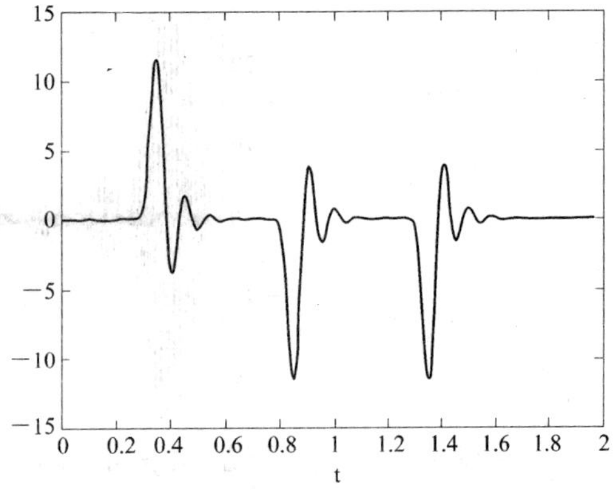

图 4 - 18　信号 $m_1(t)$ 的波形

比对输出波形和字母的莫尔斯码信号的波形，可以判断出这是字母 D(- · ·)。

（8）根据(7)的结果，要从信号 $x(t)$ 中提取信号 $m_2(t)$，可以先用 $\sin(2\pi f_2 t)$ 调制信号 $x(t)$，然后让已调信号通过给定低通滤波器，得到$M_2(\omega)$，即可得到 $m_2(t)$。要从信号 $x(t)$ 中提取信号 $m_3(t)$，可以先用 $\sin(2\pi f_1 t)$ 调制

信号 $x(t)$，然后让已调信号通过给定的低通滤波器，得到 $M_3(\omega)$，即可得到 $m_3(t)$。以上两个已调信号频谱的解析式请读者自己推导。

用 MATLAB 程序得到信号 $m_1(t)$、$m_2(t)$和 $m_3(t)$的波形如图 4 - 19 所示。

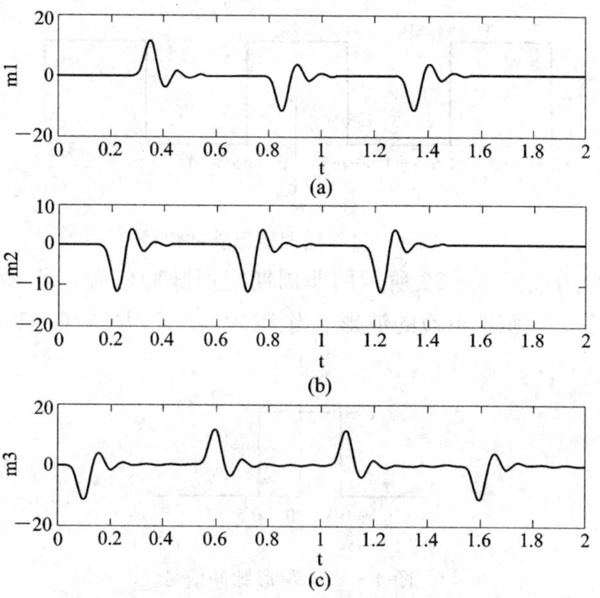

图 4 - 19 信号 $m_1(t)$、$m_2(t)$和 $m_3(t)$的波形

从波形图可以看出，信号 $m_2(t)$是字母 S(・・・)，信号 $m_3(t)$是字母 P(・－－・)。

(9) 技术的未来在于"DSP"。

习 题

1. 求周期方波信号 $x(t)$的傅里叶级数，画出信号的振幅频谱和相位频谱。信号的基本周期为 $T=2(\omega_0=2\pi/T=\pi)$，信号的波形如图 4 - 20 所示。

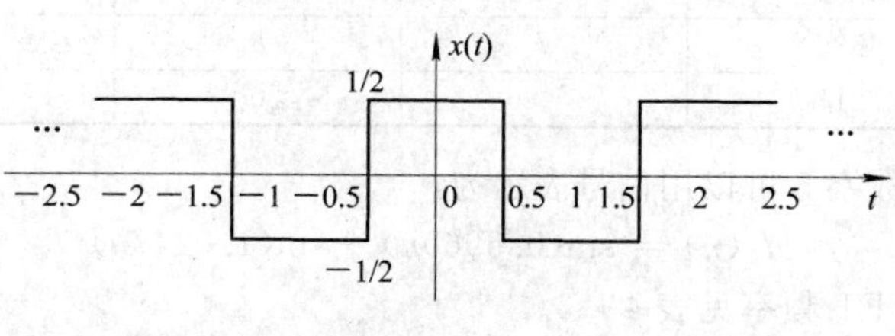

图 4 - 20 周期方波信号

2. 用 MATLAB 求信号 $x(t)=\mathrm{e}^{-2|t|}$ 的连续时间傅里叶变换，画出振幅频谱，并且与用解析式法求得的频谱比较。(提示：信号 $x(t)$是无限长的信号，但是当$|t|>5$ 时信号基本上为零，可以取信号范围为$-5\leqslant t<5$。取 $\tau=0.01$，$T=10$，先计算出时移信号 $y(t)=x(t-5)$的连续时间傅里叶变换，然后用傅里叶变换的时移特性获得信号 $x(t)$的傅里叶变换。)

3. 分析例 4 - 5 中 RC 电路的响应：

(1) 设输入信号为如图 4 - 21 所示的周期矩形脉冲信号，设 $RC=1$，求系统输出响应 $y(t)$，并在 $-3\leqslant t\leqslant 3$ 画出 $y(t)$的波形。当 $RC=0.1$ 和 $RC=0.01$ 时，结果如何？

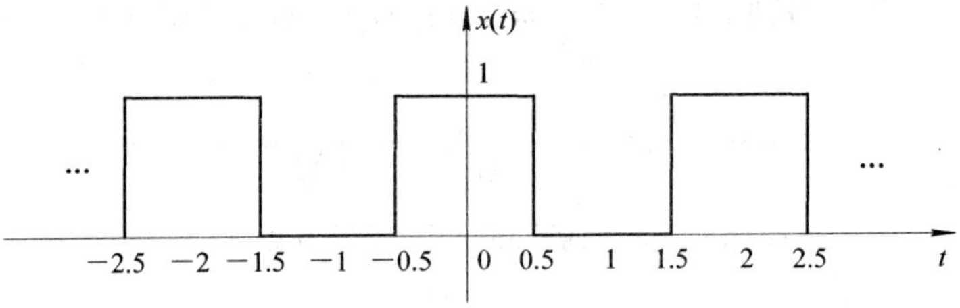

图 4 - 21　周期矩形脉冲信号

(2) 设输入信号为如图 4 - 22 所示的非周期矩形脉冲信号，设 $RC=1$，求系统输出响应 $y(t)$，并在 $-1\leqslant t\leqslant 5$ 画出 $y(t)$的波形。当 $RC=0.1$ 和 $RC=0.01$ 时，结果如何？

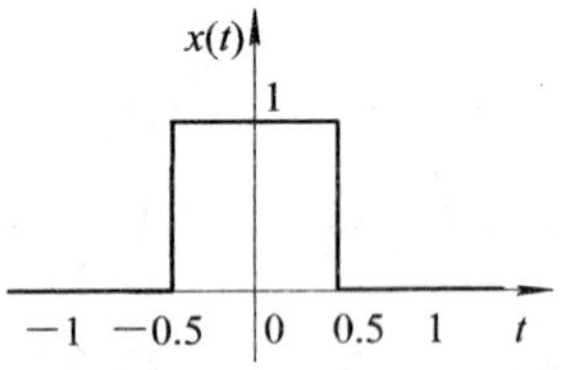

图 4 - 22　矩形脉冲信号

4. 用 DTFT 分析电话的拨号音。

在按键电话系统中，用不同频率的信号表示哪个按键被按下。当按下某个按键时，所听到的声音是两个正弦信号的和。较高频率的正弦信号指出电话键盘上这个按键所在的列，较低频率的正弦信号指出电话键盘上这个按键所在的行。如果以 8192 Hz 对拨号音信号采样，电话键盘的编排和对应于每个数字的两个 DTFT 频率见表 4 - 2。

表 4 - 2　电话键盘对应的 DTFT 频率

	ω_{column}		
ω_{row}	0.9273	1.0247	1.1328
0.5346	1	2	3
0.5906	4	5	6
0.6535	7	8	9
0.7217		0	

根据表 4 - 2，数字 5 可以用信号表示为

$$d_5(n)=\sin(0.5960n)+\sin(1.0247n)$$

每位数字的 DTFT 频率见表 4 - 3。

表 4 - 3　电话拨号音信号对应的 DTFT 频率

数字	ω_{row}	ω_{column}	数字	ω_{row}	ω_{column}
0	0.7217	1.0247	5	0.5906	1.0247
1	0.5346	0.9273	6	0.5906	1.1328
2	0.5346	1.0247	7	0.6535	0.9273
3	0.5346	1.1328	8	0.6535	1.0247
4	0.5906	0.9273	9	0.6535	1.1328

(1) 创建向量 d0 到 d9 表示按键的 10 个数字，设 n 的范围区间为 $0 \leqslant n \leqslant 999$。用命令 sound(d0，8192)，可以听到按下“0”的声音。

(2) 用函数 fft 计算拨号音信号 $d_1(n)$ 到 $d_9(n)$ 的 DTFT 的 N 个样本值，存储在向量 D1 到 D9 中，设 $N=2048$，频率 $\omega_k=2\pi k/N$，$0 \leqslant k \leqslant 2047$。画出 DTFT 的幅频特性，观察峰值是否落在表 4－3 所给出的频率上。为了使幅频特性的图更清楚，频率 ω 坐标可以用命令 axis 限制在 $0.5 \leqslant \omega \leqslant 1.25$ 的范围内。

第 5 章　连续时间信号和系统的复频域分析

本章介绍信号的拉普拉斯变换和系统的复频域分析以及如何用 MATLAB进行信号和系统的复频域分析。5.1 节简要介绍复频域分析用到的 MATLAB 函数，5.2 节介绍用 MATLAB 求连续信号的拉普拉斯变换，5.3 节介绍用 MATLAB 求连续信号的拉普拉斯反变换，5.4 节介绍连续系统的系统函数和用系统函数进行系统分析，5.5 节为系统的复频域分析实例。

5.1　相关 MATLAB 函数

信号与系统的复频域分析涉及到的 MATLAB 函数主要有：

laplace

ilaplace

roots

residue

bode

freqs

下面简要说明一下这些函数。

1. laplace 和 ilaplace

这两个函数是 Symbolic Math Toolbox 中的函数。laplace 函数实现连续时间信号的单边拉普拉斯变换，命令为

```
L=laplace(f)
```

其中，f 为信号的时域符号表达式，可以用 sym 函数定义。ilaplace 函数实现拉普拉斯反变换，命令为

```
f=ilaplace(L)
```

其中，L 为 S 域符号表达式。这两个函数给出的结果不是向量，而是符号表达式。

2. roots

roots 函数用于求多项式的根，命令为

```
r = roots (p)
```

其中，p 是一个行向量，表示多项式的系数。如果多项式为 $c_1x^N + c_2x^{N-1} + \cdots + c_Nx + c_{N+1}$，那么 p = [$c_1$ c_2⋯ c_{N+1}]。向量 r 是求得的根。

3. residue

已知连续系统的系统函数，可以用 residue 函数进行部分分式分解，求出有理分式的极点、留数和增益(直接项)。命令为

[r, p, k] = residue(num, den)

其中，num 是系统函数分子多项式的系数向量，den 是分母多项式的系数向量，系数均是按 s 的降幂排列的。列向量 r 保存留数(部分分式的系数)，列向量 p 保存与 r 对应的极点，行向量 k 保存增益(直接项)。

4. bode

bode 函数用于画出系统函数的波特图。如果 num 是系统函数分子多项式的系数向量，den 是分母多项式的系数向量，命令

bode(num, den)

可以直接画出系统频率响应的波特图。如果需要定义波特图绘制的频率范围，可以用以下命令：

bode(num, den, w)

其中，w 为事先定义的频率范围向量，它用 logspace 定义为对数坐标。

5.2 拉普拉斯变换

连续时间信号 $x(t)$的拉普拉斯变换定义为

$$X(s) = \int_{-\infty}^{\infty} x(t)\mathrm{e}^{-st}\,\mathrm{d}t \tag{5.1}$$

其中，$s=\sigma+\mathrm{j}\omega$ 是一个复数。拉普拉斯变换 $X(s)$一般是复数 s 的复值函数。信号 $x(t)$的单边拉普拉斯变换也记做 $X(s)$，定义为

$$X(s) = \int_{0}^{\infty} x(t)\mathrm{e}^{-st}\,\mathrm{d}t \tag{5.2}$$

对于因果信号来说，其单边拉普拉斯变换和双边拉普拉斯变换是一样的。我们这里只讨论单边拉普拉斯变换，简称拉普拉斯变换。公式(5.1)和(5.2)中，使积分存在的复数 s 的集合称为拉普拉斯变换的收敛域，表示为

$$\mathrm{Re}(s) > \sigma_0 \tag{5.3}$$

σ_0 与函数 $x(t)$的性质有关。

如果 $x(t)$是因果信号，当且仅当 $X(s)$的收敛域包括 $\sigma=0$ 时，其傅里叶变换 $X(\omega)$等于 $s=\mathrm{j}\omega$ 时的拉普拉斯变换：

$$X(\omega) = X(s)\big|_{s=\mathrm{j}\omega} \tag{5.4}$$

由于单边拉普拉斯变换的收敛问题比较简单，在大多数情况下不再标注其收敛域。

信号的拉普拉斯变换可以通过查表来确定，结合拉普拉斯变换的性质，可以得到许多常用信号的变换对。MATLAB 的 Symbolic Math Toolbox 中提供了用于计算拉普拉斯变换和反变换的函数 laplace 和 ilaplace。

例 5-1 求信号 $x(t)=e^{-2t}u(t)$的拉普拉斯变换。

解：MATLAB 程序如下：

```
x=sym('exp(-2*t)');
X=laplace(x)
```

运行结果如下：

```
X =1/(s+2)
```

5.3 拉普拉斯反变换

若信号 $x(t)$的拉普拉斯变换为 $X(s)$，则信号 $x(t)$可以由 $X(s)$的拉普拉斯反变换求得。拉普拉斯反变换的定义为

$$x(t)=\frac{1}{2\pi \mathrm{j}}\int_{\sigma-\mathrm{j}\infty}^{\sigma+\mathrm{j}\infty}X(s)\mathrm{e}^{st}\,\mathrm{d}s \tag{5.5}$$

公式(5.5)是一个复数积分，经常难以计算，而一大类信号的拉普拉斯变换 $X(s)$可以表示为 s 的多项式的比，即有理分式的形式：

$$X(s)=\frac{B(s)}{A(s)}=\frac{b_M s^M+b_{M-1}s^{M-1}+\cdots+b_1 s+b_0}{a_N s^N+a_{N-1}s^{N-1}+\cdots+a_1 s+a_0} \tag{5.6}$$

式中，M 和 N 为正整数，系数 b_M，b_{M-1}，…，b_1，b_0 和 a_N，a_{N-1}，…，a_1，a_0 是实数。假设 $b_M\neq0$ 且 $a_N\neq0$，$B(s)$为分子多项式，次数等于 M，$A(s)$为分母多项式，次数等于 N。一般假设 $B(s)$和 $A(s)$没有公用因子，如果有，应该约去。

当 $X(s)$表示为有理分式时，拉普拉斯反变换可以用部分分式分解法求得。函数 residue 可以求 $X(s)$的部分分式展开式所需的留数和极点，进而求出拉普拉斯反变换。

例 5-2 求 $X(s)=\dfrac{4s+5}{s^2+5s+6}$的拉普拉斯反变换。

解：MATLAB 程序如下：

```
num = [ 4 5];
den = [1 5 6];
[r, p, k] = residue(num, den)
```

运行结果产生下面的列向量：

```
r =    7.0000
      -3.0000
p =   -3.0000
      -2.0000
k = [ ]
```

因为 $X(s)$为有理真分式，所以没有 k，部分分式展开式为

$$X(s)=\frac{7}{s+3}+\frac{-3}{s+2}$$

查表得

$$x(t)=7e^{-3t}u(t)-3e^{-2t}u(t)$$

如果 $X(s)$是因式分解的形式，可以用 MATLAB 中的 conv 命令把多项式乘在一起，得到分子或分母多项式的系数，然后再用 residue 命令。如 $X(s)$中 $A(s)=s(s^2+5)$，则命令为

```
den=conv([1 0], [1 0 5])
```

结果为

```
den = 1     0     5     0
```

即

$$A(s)=s^3+5s$$

conv 命令可以级联使用，从而完成多个因式乘积。

例 5-3 求 $X(s)=\dfrac{s+3}{(s+1)^3(s+2)}$的拉普拉斯反变换。

解：MATLAB 程序如下：

```
num = [1 3];
den = conv([1 1], conv([1 1], conv([1, 1], [1, 2])));
[r, p, k] = residue(num, den)
```

运行结果产生下面的列向量：

```
r = -1.0000
     1.0000
    -1.0000
     2.0000
p = -2.0000
    -1.0000
    -1.0000
    -1.0000
k = [ ]
```

因为 p = −1.0000 为 3 重极点，所以第一个对应 $1/(s+1)$，第二个对应 $-1/(s+1)^2$，第三个对应 $2/(s+1)^3$，部分分式展开式为

$$X(s)=\frac{-1}{s+2}+\frac{1}{s+1}+\frac{-1}{(s+1)^2}+\frac{2}{(s+1)^3}$$

查表得

$$x(t)=-e^{-2t}u(t)+e^{-t}u(t)-te^{-t}u(t)+t^2e^{-t}u(t)$$

用函数 impulse 可以得到拉普拉斯反变换的数值解，并通过 plot 函数画出信号波形。

5.4 系统函数

线性时不变系统零状态响应的拉普拉斯变换 $Y(s)$与激励的拉普拉斯变换 $X(s)$之比称为系统函数或传输函数，记做

$$H(s)=\frac{Y(s)}{X(s)} \tag{5.7}$$

系统函数 $H(s)$是系统的单位冲激响应 $h(t)$的拉普拉斯变换：

$$H(s)=L[h(t)] \tag{5.8}$$

5.4.1 系统的零点和极点

系统函数 $H(s)$可以写成有理分式的形式：

$$H(s)=\frac{b_M s^M+b_{M-1}s^{M-1}+\cdots+b_1 s+b_0}{s^N+a_{N-1}s^{N-1}+\cdots+a_1 s+a_0} \tag{5.9}$$

式中，分母多项式的第一个系数等于 1，如果分母多项式的第一个系数等于 a_N，可以对分子和分母多项式同时除 a_N，得到式(5.9)的形式。把 $H(s)$表示成因式分解的形式：

$$H(s)=\frac{b_M(s-z_1)(s-z_2)\cdots(s-z_M)}{(s-p_1)(s-p_2)\cdots(s-p_N)} \tag{5.10}$$

式中，z_1，z_2，…，z_M 是 $H(s)$的零点，即系统的零点；p_1，p_2，…，p_N 是 $H(s)$的极点，即系统的极点。系统的零点和极点常用零极点图来表示，即把系统所有的零点和极点的位置在复平面上表示出来的一张图。在图上，零点用“○”来表示，极点用“×”来表示。

系统的零极点位置对于确定系统的特性起着非常重要的作用，如从极点的情况可以判断线性时不变系统的稳定性等特性。

用 MATLAB 求系统零极点时，可以先用 roots 函数求出分子和分母多项式的根，再用 plot 函数在复平面的对应位置画出零极点的图标来。用 pzmap 函数也可以方便地画出系统的零极点图。

例 5-4 系统函数为 $H(s)=\frac{s-1}{s^2+3s+2}$，求系统的零极点，并画出零极点图。

解：MATLAB 程序如下：

```
num = [ 1 -1];
den = [1 3 2];
zs = roots(num)
ps = roots(den)
plot(real(zs), imag(zs), 'o', real(ps), imag(ps), 'x', 'markersize', 12)
```

零极点结果为：

```
zs = 1
ps = -2
     -1
```

零极点图如图 5-1 所示。

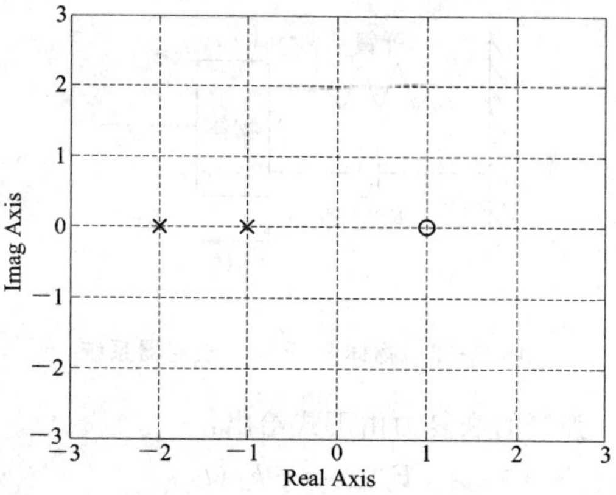

图 5 - 1　例 5 - 4 系统的零极点图

5.4.2　系统函数和系统的时域响应

已知系统函数，利用 MATLAB 可以求出连续系统对任意输入的零状态响应。这里用到的函数主要有 impulse、step 和 lism 等，与时域求连续系统响应用到的函数相同。

5.4.3　系统函数和系统的频域响应

一个因果的线性时不变连续系统，如果这个系统是稳定的，那么系统的频域响应函数可以通过系统函数 $H(s)$得到：

$$H(\mathrm{j}\omega)=H(s)\mid_{s=\mathrm{j}\omega} \tag{5.11}$$

即系统单位冲激响应 $h(t)$的傅里叶变换。模函数$|H(\mathrm{j}\omega)|$随 ω 变化的曲线称为系统的幅频特性；辐角函数 $\varphi(\omega)$随 ω 变化的曲线称为相频特性。

用 MATLAB 的 frequs 函数可以计算系统的频率响应，并做出幅度和相位特性曲线。frequs 函数的用法已经在第 4 章介绍过。

对于连续时间系统，采用对数频率坐标，$20\lg|H(\mathrm{j}\omega)|$（或$|H(\mathrm{j}\omega)|$）和 $\varphi(\mathrm{j}\omega)$对 $\lg\omega$ 作的图称为波特图。与线性标尺相比，对数标尺能展宽频率范围。例如，在线性标尺上，具有很大衰减的频率选择性滤波器的阻带内的模特性的细节一般是不明显的，而在对数标尺上它就非常明显。另外，用渐进线构造波特图可以近似画出频率特性曲线。用 MATLAB 的 bode 函数可以做出波特图。

5.5　系统的复频域分析实例

系统的复频域分析主要研究拉普拉斯变换在连续的线性时不变系统分析中的应用。下面通过几个实例介绍 MATLAB 在系统复频域分析中的应用。

例 5 - 5　二阶减震器（物体 - 弹簧 - 阻尼器系统）。图 5 - 2 所示的物体 - 弹簧 - 阻尼器系统中，信号 $f(t)$是作用在质量为 m 的物体上的外力，$y(t)$是从平衡点处的水平偏移，在平衡点处该弹簧未施加任何恢复力。

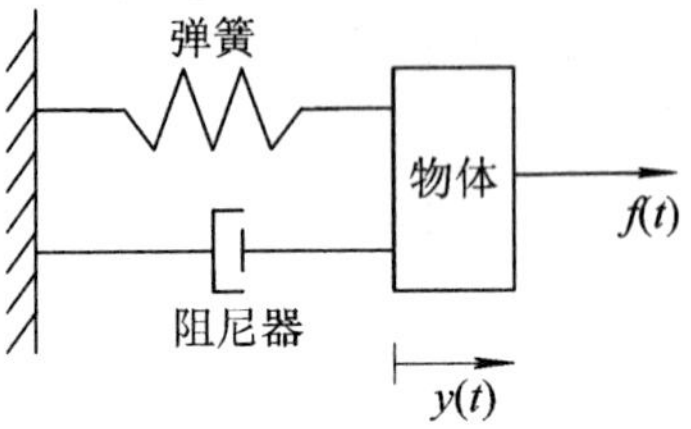

图 5－2　物体－弹簧－阻尼器系统

整个系统不计重力，弹簧的恢复力由下式给出：

$$F_{\mathrm{spring}} = -ky(t)$$

被减震器施加的力为

$$F_{\mathrm{dash}} = -v\frac{\mathrm{d}y(t)}{\mathrm{d}t}$$

其中，参数 k 称为弹性系数，v 是减震器的粘度系数。将作用到物体上的力相加，并用 $f(t)=kx(t)$代替外部力，可以得到下面的微分方程：

$$m\frac{\mathrm{d}^2 y(t)}{\mathrm{d}t^2} + v\frac{\mathrm{d}y(t)}{\mathrm{d}t} + ky(t) = kx(t) \tag{5.12}$$

下式为一个二阶线性常系数微分方程：

$$\frac{\mathrm{d}^2 y(t)}{\mathrm{d}t^2} + 2\zeta\omega_{\mathrm{n}}\frac{\mathrm{d}y(t)}{\mathrm{d}t} + \omega_n^2 y(t) = \omega_n^2 x(t) \tag{5.13}$$

它可以对于许多物理系统进行建模，如 RLC 电路和图 5－2 所示的物体－弹簧－阻尼器系统。比较式(5.12)和式(5.13)可以得到以下关系：

$$\left.\begin{aligned} \omega_n &= \sqrt{\frac{k}{m}} \\ \zeta &= \frac{v}{2\sqrt{km}} \end{aligned}\right\} \tag{5.14}$$

式(5.14)中，ω_n 称为无阻尼自然频率，ζ 称为阻尼比。通过对下面问题的分析，我们可以明白这两个参数如此命名的原因。

物体－弹簧－阻尼器系统可以作为一个汽车减震系统，它对于由于道路路面不平引起的高频起伏设置阻尼，使驾驶比较平稳。然而，如果系统的弹性系数和减震器的粘度系数选择得不好，减震系统可能会对路面的颠簸反应太慢，导致车辆失控。所以选择参数 k 和 v 的值(即参数 ω_{n} 和 ζ 的值)十分重要。通过这个问题的分析，也能帮助我们加深这两个参数对系统性能影响的理解。

由于减震系统通常都是针对某一具体车辆选定的，因此在以下分析中我们假设物体(或车辆)的质量为 $m=1$，这时，参数 ω_n 和 ζ 就完全由系数 k 和 v 确定。

(1) 式(5.13)的微分方程表示一个二阶系统，求该系统的系统函数 $H(s)$和系统频率响应函数 $H(\mathrm{j}\omega)$，当 $\omega=0$ 时，$H(\mathrm{j}\omega)$的值是多少？当 ω 很大时，$20\lg|H(\mathrm{j}\omega)|/\lg\omega$ 的收敛值是多少？

(2) 固定 $\zeta=1/2$，研究减震系统的特性如何随 ω_n 的值变化：设 $k=1$，0.09 和 4，对应每个 k 值，在一个坐标轴上，用 bode 函数求出在向量 w=logspace(−2, 2, 100)包含的频率范围内的频率响应 $H(j\omega)$，画出波特图，并得到每个 k 值对应的系统截止频率。

(3) 系统参数同(2)，用 step 函数确定系统在向量 t=linspace(0, 30)的时间样本内的阶跃响应，并画出响应波形，观察上升时间(阶跃响应首先达到它的稳态值的时间)随 ω_n 变化的规律，以及上升时间与截止频率的关系。

(4) 固定 $\omega_n=1$，研究减震系统的特性如何随 ζ 的值变化：设 $v=2$，$\sqrt{2}/2$，1/2 和 1/3，对应每个 v 值，在一个坐标轴上，用 bode 函数求出在向量 w=logspace(−2, 2, 100)包含的频率范围内的频率响应 $H(j\omega)$，画出波特图，并解释系统频率响应的模在自然频率 $\omega_n=1$ 这点上值 $|H(j\omega_n)|$ 的变化情况。

(5) 系统参数同(4)，用 step 函数确定系统在向量 t=linspace(0, 30)的时间样本内的阶跃响应，并画出响应波形，观察上升时间随 ζ 变化的规律，以及阶跃响应中振荡和超量(阶跃响应超过稳态值)与 ζ 的关系。

(6) 根据(4)、(5)的分析，设计一个减震系统，近似地确定一个能够使阶跃响应上升速度最快而又没有超量的 ζ 值，画出这个阶跃响应，并求得对应的 v 值。

解：

(1) 由式(5.13)的微分方程得系统函数 $H(s)$ 为

$$H(s)=\frac{Y(s)}{X(s)}=\frac{\omega_n^2}{s^2+2\zeta\omega_n s+\omega_n^2} \tag{5.15}$$

对于因果稳定的系统，频率响应 $H(j\omega)$ 等于 $s=j\omega$ 时的系统函数：

$$H(j\omega)=H(s)\big|_{s=j\omega}=\frac{\omega_n^2}{(j\omega)^2+2\zeta\omega_n(j\omega)+\omega_n^2} \tag{5.16}$$

式(5.16)还可以写成：

$$H(j\omega)=\frac{1}{\left(j\frac{\omega}{\omega_n}\right)^2+2\zeta\left(j\frac{\omega}{\omega_n}\right)+1} \tag{5.17}$$

当 $\omega=0$ 时，

$$H(j\omega)=1$$

求频率响应 $H(j\omega)$ 的模：

$$|H(j\omega)|=\frac{1}{\sqrt{\left(1-\frac{\omega^2}{\omega_n^2}\right)^2+\left(\frac{2\zeta\omega}{\omega_n}\right)^2}} \tag{5.18}$$

求对数模 $20\lg|H(j\omega)|$ 得

$$20\lg|H(j\omega)|=-10\lg\left[\left(1-\frac{\omega^2}{\omega_n^2}\right)^2+4\zeta^2\left(\frac{\omega}{\omega_n}\right)^2\right] \tag{5.19}$$

当 $\omega\gg\omega_n$ 时，有

$$20\lg|H(j\omega)|=-40\lg\omega+40\lg\omega_n$$

所以，

$$\frac{20\lg|H(j\omega)|}{\lg\omega}=-40\text{ dB}$$

从这个结论可以看出，在高频部分系统的对数模特性为：ω 每增加 10 倍，$|H(j\omega)|_{dB}$ 就下降 40 dB，也就是说，对数模特性的高频渐近线是一条斜率为 -40 dB/10 倍频程的直线。这在画频率响应的波特图时很重要。

(2) 已知 $m=1$，由式(5.14)可知，

$$\omega_n=\sqrt{\frac{k}{m}}=\sqrt{k}$$

当 $k=1$、$k=0.09$ 和 $k=4$ 时，对应得到 $\omega_n=1$、$\omega_n=0.3$ 和 $\omega_n=2$。又已知 $\zeta=1/2$，可以得到式(5.16)频率响应表达式中分子和分母多项式的系数，MATLAB 程序如下：

```
%zeta=1/2
w=logspace(-2, 2, 100);
a=[1 1 1];
b=1;
bode(b, a, w)
hold on;
a2=[1 0.3 0.09];
b2=0.09;
bode(b2, a2, w)
a3=[1 2 4];
b3=4;
bode(b3, a3, w)
grid on
```

运行结果如图 5-3 所示。

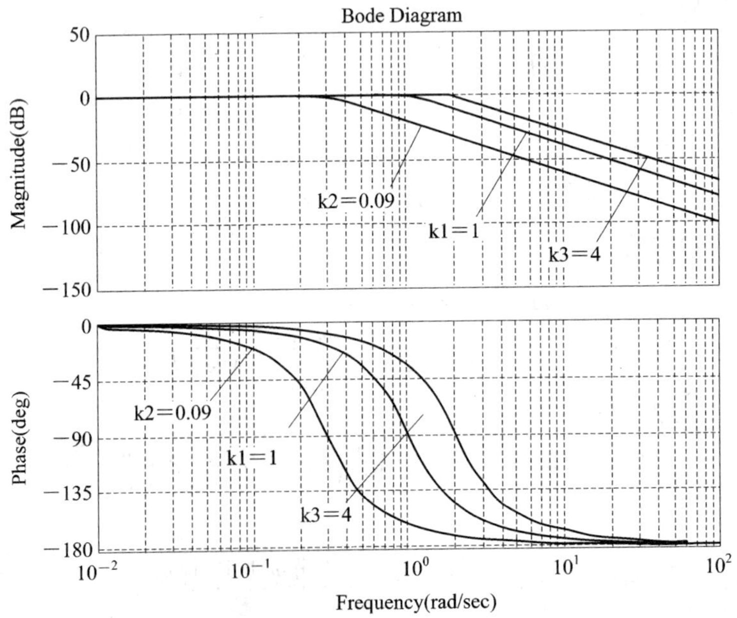

图 5-3 $k=1$、$k=0.09$ 和 $k=4$ 时频率响应波特图

从图 5－3 可以看出，减震系统是一个低通滤波器，系统的截止频率可以大致定在 20 lg|$H(j\omega)$|图的转折处。从图上可以看出，$k=1$ 时截止频率为 1，$k=0.09$ 时截止频率为 0.3，$k=4$ 时截止频率为 2，截止频率大致等于 ω_n。

(3) 求阶跃响应的 MATLAB 程序如下：

```
t=linspace(0, 30);
s1=step(b, a, t);
s2=step(b2, a2, t);
s3=step(b3, a3, t);
plot(t, s1, t, s2, '--', t, s3, '-.')
xlabel('Time(sec)')
ylabel('Amplitude')
title('Step Response')
legend('k1=1', 'k2=0.09', 'k3=4')
grid on
```

运行结果如图 5－4 所示。

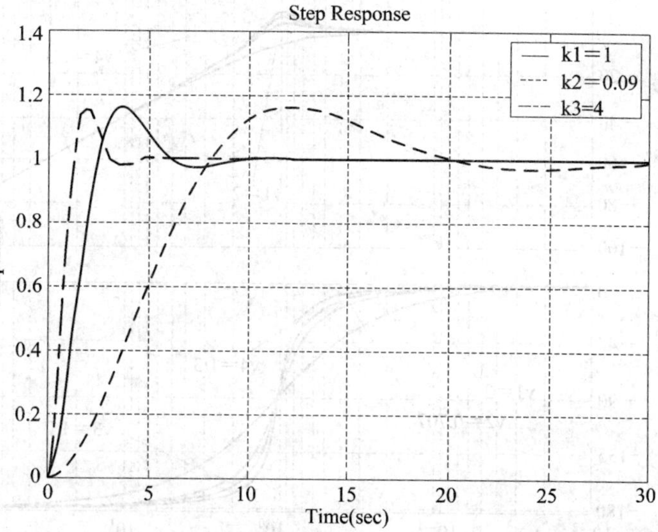

图 5－4　$k=1$、$k=0.09$ 和 $k=4$ 时系统的阶跃响应

分析图 5－4 可以看出，k 的值越大，即 ω_n 的值越大，系统的上升时间越短，即系统的截止频率(或带宽)越大，系统的上升时间越短。这说明带宽越大，阶跃响应在时间上更为压缩。因为 $\zeta=1/2(0<\zeta<1)$，系统是欠阻尼的，所以 ω_n 的值越大，系统的振荡频率($\omega_d=\omega_n\sqrt{1-\zeta^2}$)越高。我们注意到，系统的振荡频率 ω_d 与阻尼系数 ζ 有关，只有当 $\zeta=0$ 时，它才等于 ω_n，所以传统上把参数 ω_n 称为无阻尼自然频率。

(4) 已知 $m=1$ 和 $\omega_n=1$，由式(5.14)可知 $k=\omega_n^2=1$，那么，

$$\zeta=\frac{v}{2\sqrt{km}}=\frac{v}{2}$$

当 $v=2$、$v=\sqrt{2}/2$、$v=1/2$ 和 $v=1/3$ 时，对应得到 $\zeta=1$、$\zeta=\sqrt{2}/4$、$\zeta=1/4$ 和 $\zeta=1/6$。通

过以上计算，可以得到式(5.16)频率响应表达式中分子和分母多项式的系数，MATLAB 程序如下：

```
b=1;
a4=[1 2 1];
bode(b, a4, w);
hold on
a5=[1 0.707 1];
bode(b, a5, w);
a6=[1 1/2 1];
bode(b, a6, w);
a7=[1 1/3 1];
bode(b, a7, w);
grid on
```

运行结果如图 5-5 所示。

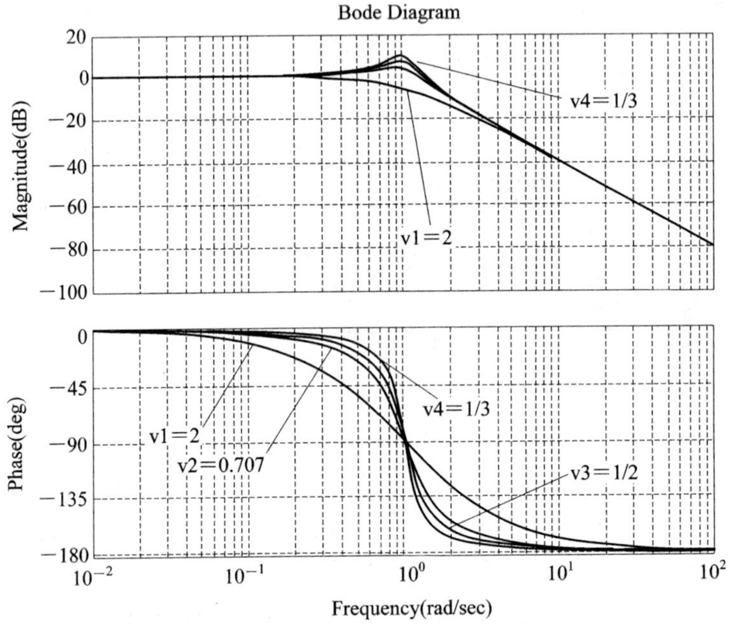

图 5-5　$v=2$、$v=\sqrt{2}/2$、$v=1/2$ 和 $v=1/3$ 时的频率响应波特图

观察图 5-5，注意到除了 $\zeta=1$ 的情况，频率响应的对数模特性在 $\omega=\omega_n$ 附近有一个峰值，并且 ζ 越小，峰值越明显。利用式(5.18)和式(5.19)可以证明，当 $\zeta<\sqrt{2}/2$ 时，$|H(j\omega)|$在

$$\omega_m=\omega_n\sqrt{1-2\zeta^2}$$

处有一个最大值，其值为

$$|H(j\omega_m)|=\frac{1}{2\zeta\sqrt{1-\zeta^2}}$$

而对于 $\zeta>\sqrt{2}/2$ 的情况，$|H(j\omega)|$ 从 $\omega=0$ 开始，随 ω 的增加单调衰减。

(5) 求阶跃响应的 MATLAB 程序如下：

```
t=linspace(0, 30);
s4=step(b, a4, t);
s5=step(b, a5, t);
s6=step(b, a6, t);
s7=step(b, a7, t);
plot(t, s4, t, s5, '--', t, s6, '-.', t, s7, ':')
xlabel('Time(sec)')
ylabel('Amplitude')
title('Step Response')
legend('v1=2', 'v2=sqrt(2)/2', 'v3=1/2', 'v4=1/3')
grid
```

运行结果如图 5-6 所示。

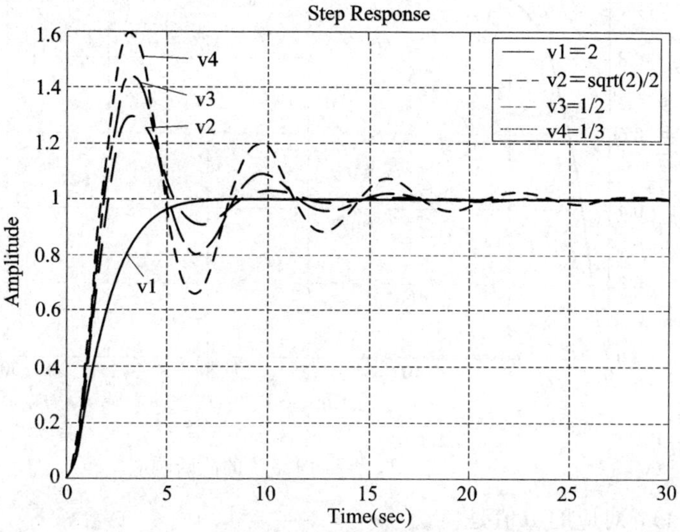

图 5-6　$v=2$、$v=\sqrt{2}/2$、$v=1/2$ 和 $v=1/3$ 时系统的阶跃响应

观察图 5-6 注意到，v 的值越小，即 ζ 的值越小，系统的振荡幅度越大，超量越大，振荡越明显。当 $0<\zeta<1$ 时，系统为欠阻尼的，阶跃响应既有超量，又呈现为振荡的；当 $\zeta=1$ 时，系统为临界阻尼，阶跃响应没有超量，没有振荡。响应的上升时间随着 ζ 值的增大而增长，当 $\zeta>1$ 时，随着 ζ 的增加，响应的速度会越来越慢。

(6) 地面高度的变化导致的外力可以认为是加在物体-弹簧-阻尼器系统上的输入信号 $x(t)$(当然，一个实际的汽车减震系统的微分方程要更复杂一些，具体见本章习题)，路面高度的变化由两部分构成：一部分是由于整个地形的变化，路面高度有一个缓慢的变化，这对应信号的低频部分；一部分是由路面的不平带来高度上一些快速的小幅度的变化，这对应信号的高频部分。设计减震器就是为了滤掉由于路面不平而引起的驾驶中的快速波动，提供一个平稳的驾驶环境。

从前面的分析中我们看到，系统的自然频率 ω_n 决定了低通滤波器的截止频率，对于某个给定质量 m 的物体，可以通过选择弹簧的弹性系数 k 来控制。对于给定了 ω_n 的系统，阻尼比 ζ 与阻尼器的粘滞系数 v 有关。我们希望设计一个能滤掉高频波动的系统，所以 ω_n 越小，滤掉的高频分量就越多，驾驶就越平滑，但是这样系统的上升时间却随 ω_n 的减小而增加(如图 5－4 所示)，减震系统可能会对路面的颠簸反应太慢。为了减小上升时间又不显著改变截止频率，还要从 ζ 这方面考虑。当选择了一个合适的截止频率时，随着 ζ 的减小，系统的上升时间会减小，反应速度会提高，但是 ζ 太小又会使响应出现一个很不舒服的振荡(如图 5－6 所示)。因此，基于系统时域和频域折中的考虑，一般近似选择阻尼比 $\zeta=1$ 的临界阻尼情况，这样系统既有一个较快速的上升时间，又避免了超量和振荡。

基于(4)、(5)的分析，固定 $\omega_n=1$，近似选择 $\zeta=1$，就能够使阶跃响应上升速度最快而又没有超量，系统的阶跃响应如图 5－7 所示。

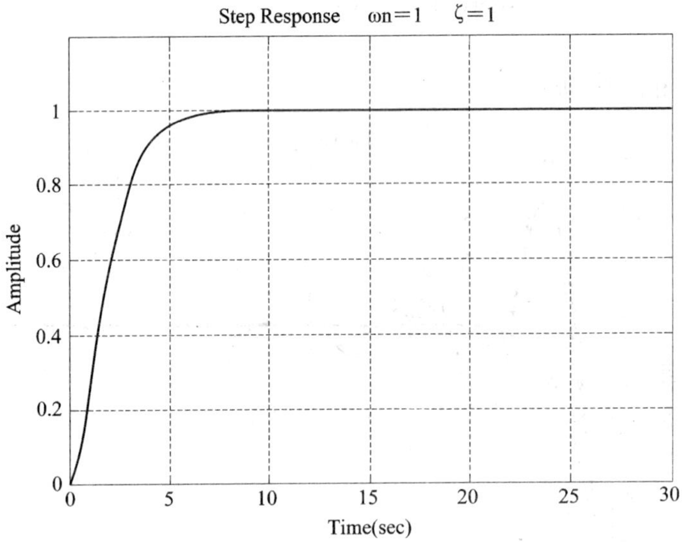

图 5－7　$\omega_n=1$，$\zeta=1$ 时系统的阶跃响应

根据式(5.14)，对应的 v 值是：

$$v = 2\sqrt{km}\,\zeta = 2$$

例 5－6　倒立摆。如图 5－8 所示的倒立摆系统中，小车可以前后运动，其位置由 $s(t)$ 给出。小车的加速度服从 $a(t)=s(t)$。长度为 L 的杆用铰链与小车相连，它仅能在和小车运动的相同方向上移动。杆的位置由角度 $\theta(t)$ 给出。假设杆的全部质量都集中在杆末端的一个小球上。图中 $x(t)$ 是一个角加速度，它是由外力作用在杆上引起的。为了平衡这根杆，小车必须用一个适当的加速度 $a(t)$ 运动。

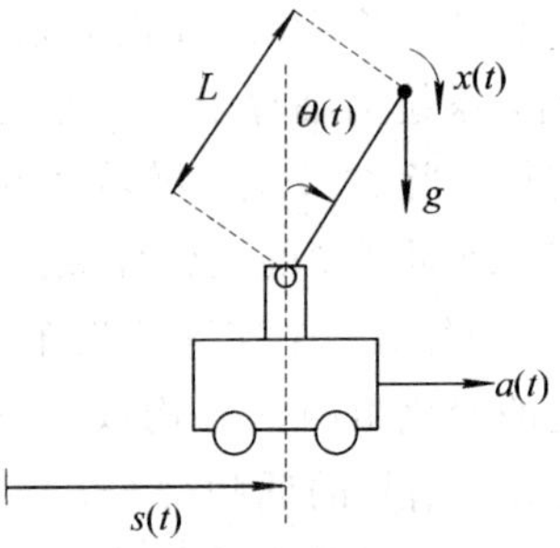

图 5－8　倒立摆

沿着垂直于杆的方向，在质量上将所有的力平衡，得到微分方程：

$$L\frac{\mathrm{d}^2\theta(t)}{\mathrm{d}t^2}=g\sin(\theta(t))-a(t)\cos(\theta(t))+Lx(t)$$

显然，这不是一个线性的微分方程。非线性系统的分析通常比较困难，然而，对于小的$\theta(t)$，可以将这个方程线性化，这样就能够考察杆处于接近垂直状态时的动态特性，这也是我们想要的状态。这时，对$|\theta(t)|\ll\pi$，可以做以下小角度近似：

$$\sin(\theta(t))\approx\theta(t),\quad \cos(\theta(t))\approx 1$$

非线性的微分方程可以线性化得到线性微分方程：

$$L\frac{\mathrm{d}^2\theta(t)}{\mathrm{d}t^2}=g\theta(t)-a(t)+Lx(t)$$

现在，假设$L=1$ m，$g=9.8$ m/s^2，分析下面的问题：

(1) 如果小车是静止的，即$a(t)=0$，求关于输入$x(t)$和输出$\theta(t)$的系统函数$H_1(s)=\frac{\Theta(s)}{X(s)}$，画出系统的零极点图，说明系统为什么是不稳定的。

(2) 设计一个比例控制器，即用一个正比于角度$\theta(t)$的小车加速度$a(t)=k\theta(t)$作为反馈系统，确定比例控制器的系统函数，对一组设定的k值(k=linspace(0, 25, 10))，画出加上比例控制器的系统的极点位置。

(3) 当$x(t)=\delta(t)$时，求一个k值，使杆的位置能无休止地来回摆动。

(4) 当k为(3)中所求的值时，用impulse函数求系统的单位冲激响应，设t=linspace(0, 10, 100)，并将$\theta(t)$的值存入向量th1，画出$\theta(t)$的图。

(5) 设计一个比例微分控制器，即$a(t)=k_1\theta(t)+k_2\,\mathrm{d}\theta(t)/\mathrm{d}t$，确定比例微分控制器的系统函数，当闭环系统的阻尼比(ζ)为1，无阻尼自然频率(ω_n)为3 rad/s时，求出k_1和k_2的值，画出加上比例微分控制器后系统的极点位置。(阻尼比和无阻尼自然频率的定义见例5-5)

(6) 求(5)中闭环系统的单位冲激响应，设t=linspace(0, 10, 100)，并将$\theta(t)$的值存入向量th2，画出$\theta(t)$的图。

解：

(1) 当$a(t)=0$时，系统微分方程为

$$L\frac{\mathrm{d}^2\theta(t)}{\mathrm{d}t^2}=g\theta(t)+Lx(t)$$

系统函数为

$$H_1(s)=\frac{\Theta(s)}{X(s)}=\frac{L}{Ls^2-g}=\frac{1}{s^2-9.8}$$

用pzmap函数画出系统的零极点图的MATLAB程序如下：

```
num = [1];
den = [1 0 -9.8];
pzmap(num, den)
```

得到零极点图如图5-9所示。

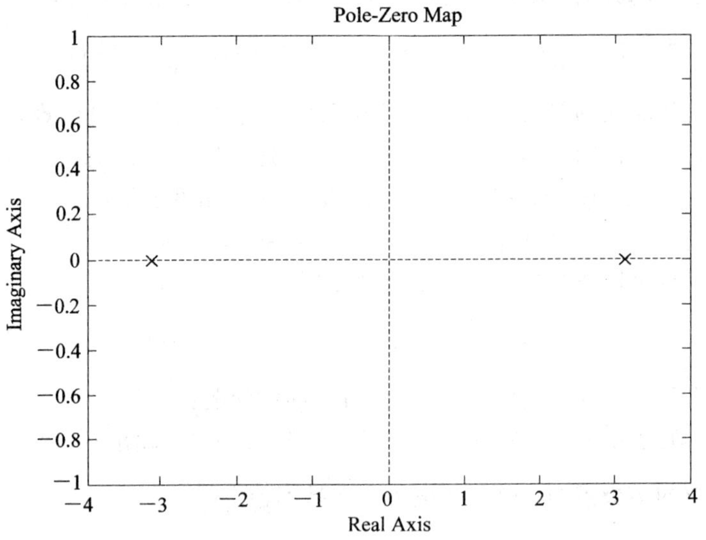

图 5 - 9　(1)零极点图

从图 5 - 9 可以看出，此系统有一个极点在 S 平面右半平面，所以系统是不稳定的。

(2) 设计比例控制器为 $a(t)=k\theta(t)$，比例控制器的系统函数为

$$G_1(s)=\frac{A(s)}{\Theta(s)}=k$$

根据反馈系统的系统函数确定方法，此时系统函数 $H_2(s)$ 为

$$H_2(s)=\frac{\Theta(s)}{X(s)}=\frac{H_1(s)}{1+H_1(s)G_1(s)}=\frac{1}{s^2-(9.8-k)}$$

用 pzmap 函数画出系统的零极点图的 MATLAB 程序如下：

```
for k=linspace(0, 25, 10)
    num = [1];
    den = [1 0 k-9.8];
    pzmap(num, den)
    hold on
end
hold off
```

得到零极点图如图 5 - 10 所示。

命令 k=linspace(0, 25, 10)得到 k 的值为：

k = 0　2.7778　5.5556　8.3333　11.1111　13.8889　16.6667　19.4444　22.2222　25.0000

这 10 个 k 值对应图 5 - 10 中的 10 对极点。从图 5 - 10 可以看出，当 $k<9.8$ 时，极点在实轴上，左右对称；当 $k>9.8$ 时，极点为虚轴上的一对共轭极点。如果取 $k=9.8$，则在 S 平面的原点上有 $s=0$ 的二阶极点。

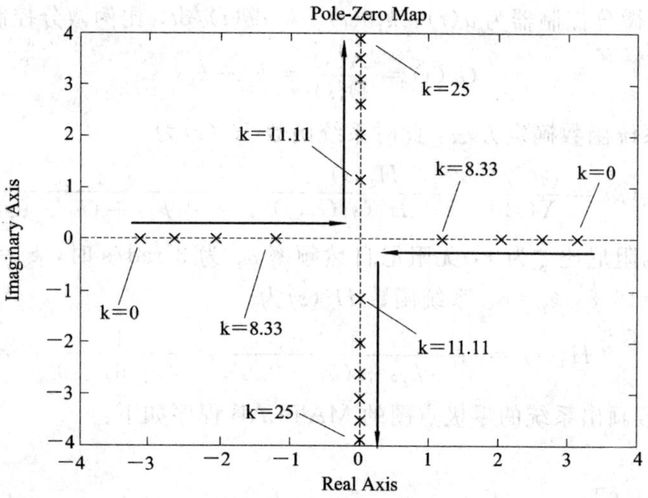

图 5 - 10 (2)零极点图

(3) 从(2)的分析可以看出，当 $k>9.8$ 时，系统的极点是虚轴上的一对共轭极点，当 $x(t)=\delta(t)$时，系统的冲激响应是一个正弦函数。设 $k=25$，此时系统函数为

$$H_2(s)=\frac{\Theta(s)}{X(s)}=\frac{H_1(s)}{1+H_1(s)G_1(s)}=\frac{1}{s^2+15.2}$$

杆的位置能无休止地来回摆动。

(4) 当 $k=25$ 时，用 MATLAB 求系统的单位冲激响应的程序如下：

```
num = [1];
den = [1 0 25-9.8];
t=linspace(0, 10, 100);
th1=impulse(num, den, t);
plot(t, th1), xlabel('t'), ylabel('\theta(t)'), title('单位冲激响应 k=25');
```

画出冲激响应的波形如图 5 - 11 所示。

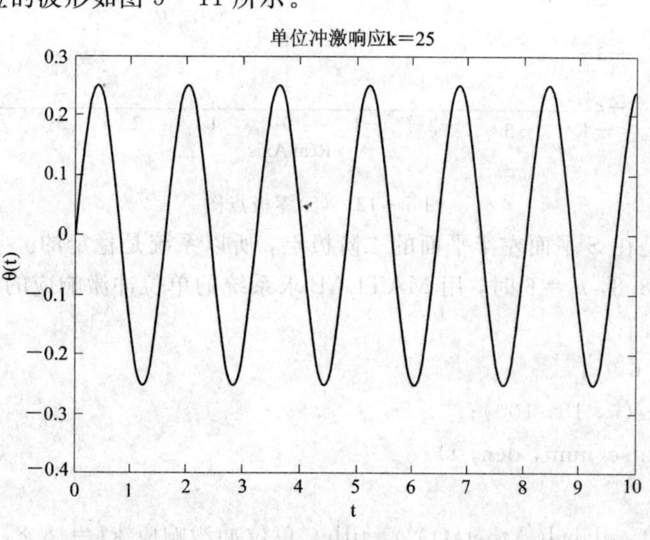

图 5 - 11 $k=25$ 的比例反馈系统的冲激响应

(5) 设计比例微分控制器为 $a(t)=k_1\theta(t)+k_2\,\mathrm{d}\theta(t)/\mathrm{d}t$，比例微分控制器的系统函数为

$$G_2(s)=\frac{A(s)}{\Theta(s)}=k_1+k_2 s$$

根据反馈系统的系统函数确定方法，此时系统函数 $H_3(s)$ 为

$$H_3(s)=\frac{\Theta(s)}{X(s)}=\frac{H_1(s)}{1+H_1(s)G_2(s)}=\frac{1}{s^2+k_2 s+(k_1-9.8)}$$

当闭环系统的阻尼比 ζ 为 1，无阻尼自然频率 ω_n 为 3 rad/s 时，$k_2=2\zeta\omega_n=6$，$\omega_n^2=k_1-9.8=9$，得 $k_1=18.8$，$k_2=6$。系统函数 $H_3(s)$ 为

$$H_3(s)=\frac{1}{s^2+k_2 s+(k_1-9.8)}=\frac{1}{s^2+6s+9}$$

用 pzmap 函数画出系统的零极点图的 MATLAB 程序如下：

```
num = [1];
den = [1 6 9];
pzmap(num, den)
axis([-4 4 -4 4])
```

得到的零极点图如图 5-12 所示。

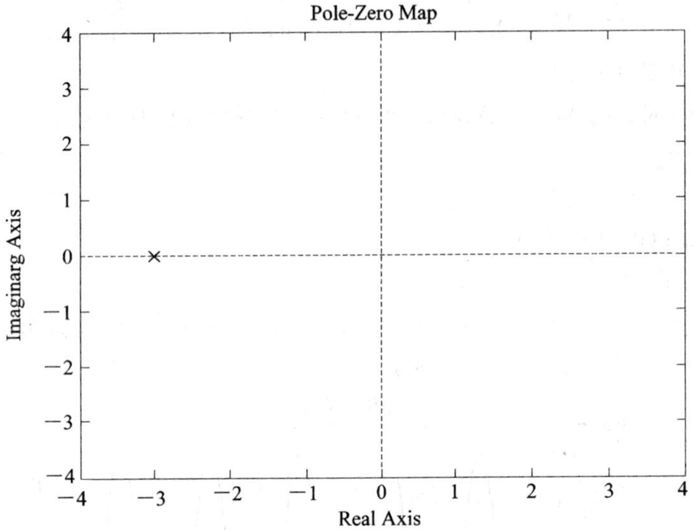

图 5-12 (5)零极点图

此系统极点是在 S 平面左半平面的二阶极点，所以系统是稳定的。

(6) 当 $k_1=18.8$，$k_2=6$ 时，用 MATLAB 求系统的单位冲激响应的程序如下：

```
num = [1];
den = [1 6 9];
t=linspace(0, 10, 100);
th2=impulse(num, den, t);
plot(t, th2)
xlabel('t'), ylabel('\theta(t)'), title('单位冲激响应 k1=18.8, k2=6');
```

画出冲激响应的波形如图 5-13 所示。

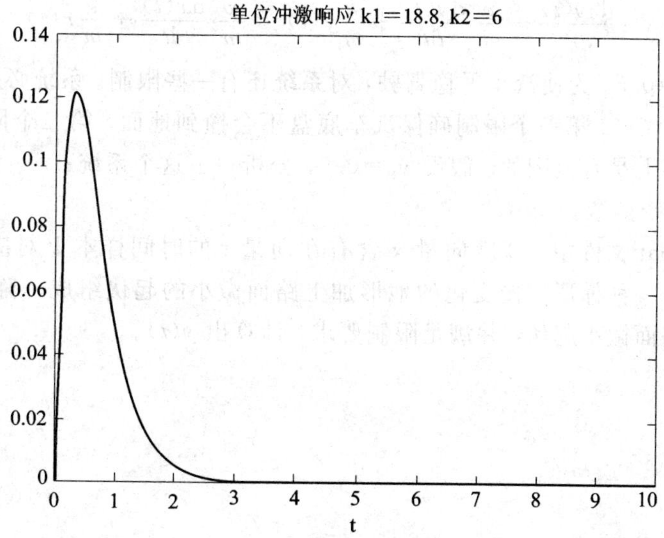

图 5－13　$k_1=18.8$，$k_2=6$ 的比例微分反馈系统的冲激响应

习　　题

1. 求以下信号的单边拉普拉斯变换：

(1) $t\mathrm{e}^{-2t}u(t)$

(2) $\mathrm{e}^{-t}\sin(2t)u(t)$

2. 求以下信号的拉普拉斯反变换：

(1) $\dfrac{100(s+50)}{s^2+201s+200}$

(2) $\dfrac{1}{4s(s^2+1)}$

3. 一个利用弹簧－减震器的汽车减震系统如图 5－14 所示，路面高度定义为 $x(t)$，汽车的质量中心是 $z(t)=y(t)+y_0$。弹簧的位移是 $d(t)=z(t)-x(t)-y_0=y(t)-x(t)$，当 $z(t)-x(t)=y_0$ 时，弹簧未施加任何力。外力间接被路面作用在弹簧－减震器的另一端，系统方程满足

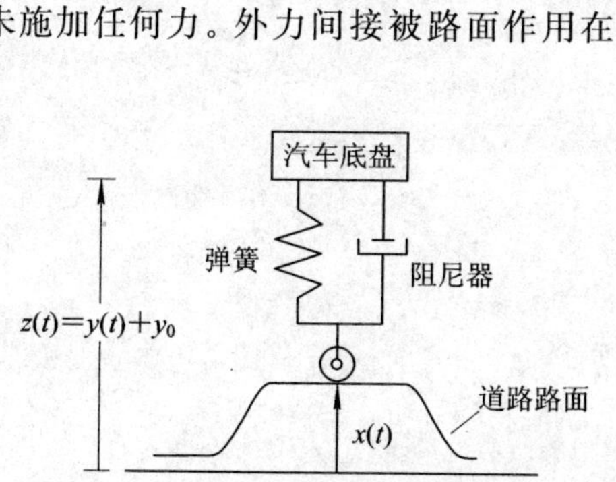

图 5－14　汽车减震系统

$$\frac{d^2 y(t)}{dt^2}+\frac{v}{m}\frac{dy(t)}{dt}+\frac{k}{m}y(t)=\frac{v}{m}\frac{dx(t)}{dt}+\frac{k}{m}x(t)$$

假设 $m=1$，$y_0=0.5$。为使汽车平稳驾驶，对系统还有一些限制。系统必须服从 $z(t)>x(t)$ 和 $|y(t)-x(t)|<y_1$。第一个限制确保汽车底盘不会撞到地面，第二个限制反映了任何减振器系统在位移上是有范围的。假设 $y_1=0.5$，分析一下这个系统：

(1) 写出系统函数。

(2) road.mat 文件中，高度向量 x 含有在向量 t 的时间样本上对应的路面高度的数据。信号 $x(t)$ 由一种梯形缓慢变化的地形加上路面微小的起伏组成。确定一对 k 和 v 值，使系统能平滑路面微小起伏，并满足限制要求。计算出 $y(t)$。

第 6 章　离散时间信号和系统的 Z 变换分析

本章介绍离散信号的 Z 变换和系统的 Z 变换分析以及如何用 MATLAB 进行信号和系统的 Z 变换分析。6.1 节简要介绍 Z 变换分析用到的 MATLAB 函数。6.2 节介绍用 MATLAB 求离散信号的 Z 变换。6.3 节介绍用 MATLAB 求离散信号的 Z 反变换。6.4 节介绍离散系统的系统函数和用系统函数进行系统分析。6.5 节为系统的 Z 变换分析实例。

6.1　相关 MATLAB 函数

信号与系统的 Z 变换分析涉及到的 MATLAB 函数主要有：

ztrans

iztrans

residuez

freqz

下面简要介绍这些函数。

1. ztrans 和 iztrans

这两个函数是 Symbolic Math Toolbox 中的函数。ztrans 函数实现因果离散时间信号的 Z 变换，命令为

```
Z=ztrans(x)
```

其中，x 为信号的时域符号表达式，可以用 sym 函数定义。iztrans 函数实现 Z 反变换，命令为

```
x=iztrans(Z)
```

其中，Z 为 Z 域符号表达式。这两个函数给出的结果也是符号表达式。

2. residuez

已知离散系统的系统函数，可以用 residuez 函数进行部分分式分解，命令为

```
[r, p, k] = residuez(num, den)
```

其中，num 是系统函数分子多项式的系数向量，den 是分母多项式的系数向量，系数均是按 z^{-1} 的升幂排列的。

6.2 Z 变 换

离散时间信号 $x(n)$的 Z 变换定义为

$$X(z)=\sum_{n=-\infty}^{\infty}x(n)z^{-n} \tag{6.1}$$

其中，z 是一个复数。信号 $x(t)$的单边 Z 变换也记做 $X(z)$，定义为

$$X(z)=\sum_{n=0}^{\infty}x(n)z^{-n} \tag{6.2}$$

如果 $x(n)$是因果信号，其单边 Z 变换和双边 Z 变换是一样的。我们这里着重讨论单边 Z 变换。从公式(6.1)和(6.2)可知，Z 变换是 z^{-1} 的幂级数，使级数收敛的复数 z 的集合称为 Z 变换的收敛域。

对于因果信号 $x(n)$，当 $X(z)$的收敛域包括$|z|=1$ 时，它的离散时间傅里叶变换 $X(e^{j\omega})$等于 $z=e^{j\omega}$时的 Z 变换：

$$X(e^{j\omega})=X(z)\big|_{z=e^{j\omega}} \tag{6.3}$$

即单位圆上的 Z 变换就是信号 $x(n)$的离散时间傅里叶变换。

离散时间信号的 Z 变换可以通过查表来确定，结合 Z 变换的性质，可以得到许多常用离散信号的变换对。MATLAB 的 Symbolic Math Toolbox 中提供了用于计算 Z 变换和反变换的函数 ztrans 和 iztrans。

例 6-1 求序列 $x(n)=\left(\frac{1}{2}\right)^n u(n)$的 Z 变换。

解： MATLAB 程序如下：

```
x=sym('(1/2)^n');
X=ztrans(x)
```

运行结果如下：

```
X =2 * z/(2 * z-1)
```

6.3 Z 反变换

若离散时间信号 $x(n)$的 Z 变换为 $X(z)$，则信号 $x(n)$可以由 $X(z)$的 Z 反变换求得。Z 反变换的定义为

$$x(n)=\frac{1}{2\pi j}\oint_C X(z)z^{n-1}\,dz \tag{6.4}$$

式中，C 是包围 $X(z)z^{n-1}$所有极点的逆时针闭合积分路线，通常选择 Z 平面收敛域内以原点为中心的圆。和拉普拉斯反变换一样，公式(6.4)的计算也是比较复杂的。当离散时间信号 $x(n)$的 Z 变换 $X(z)$可以表示为 z 或 z^{-1} 的多项式之比，即有理分式的形式时，可以通过幂级数展开法或部分分式展开法获得 $x(n)$。

当 $X(z)$表示为有理分式

$$X(z)=\frac{B(z)}{A(z)}=\frac{b_0+b_1z^{-1}+b_2z^{-2}+\cdots+b_{M-1}z^{-(M-1)}+b_Mz^{-M}}{a_0+a_1z^{-1}+a_2z^{-2}+\cdots+a_{N-1}z^{-(N-1)}+a_Nz^{-N}} \tag{6.5}$$

时，函数 residuez 可以求 $X(z)$的部分分式展开式所需的留数和极点，进而求出 Z 反变换。式(6.5)中，M 和 N 为正整数，系数 b_0，b_1，b_2，…，b_{M-1}，b_M 和 a_0，a_1，a_2，…，a_{N-1}，a_N 是实数。分子多项式 $B(z)$和分母多项式 $A(z)$都写成 z^{-1}的升幂形式。一般假设 $B(z)$和 $A(z)$没有公用因子，如果有，应该约去。

函数 residuez 求 $X(z)$的部分分式展开的基本形式是：

$$X(z)=\frac{r_1}{1-p_1z^{-1}}+\cdots+\frac{r_n}{1-p_nz^{-1}}+k_1+k_2z^{-1}+\cdots \tag{6.6}$$

在查表求反变换时要注意。

例 6-2 求 $X(z)=\dfrac{1-0.5z^{-1}}{1+\frac{3}{4}z^{-1}+\frac{1}{8}z^{-2}}\left(|z|>\frac{1}{2}\right)$的 Z 反变换。

解：MATLAB 程序如下：

```
num = [1 -0.5];
den = [1 3/4 1/8];
[r, p, k] = residuez(num, den)
```

运行结果产生下面的列向量：

```
r =  4
    -3
p = -0.5000
    -0.2500
k = []
```

所以部分分式展开式为

$$X(z)=\frac{4}{1+0.5z^{-1}}+\frac{-3}{1+0.25z^{-1}}=\frac{4z}{z+0.5}+\frac{-3z}{z+0.25}$$

查表得

$$x(n)=4(-0.5)^nu(n)-3(-0.25)^nu(n)$$

在用手工计算 Z 反变换时，我们更习惯的是把 $X(z)$表示为如下形式：

$$X(z)=\frac{B(z)}{A(z)}=\frac{b_Mz^M+b_{M-1}z^{M-1}+\cdots+b_1z+b_0}{a_Nz^N+a_{N-1}z^{N-1}+\cdots+a_1z+a_0} \tag{6.7}$$

先把式(6.7)两边都除 z，得

$$\frac{X(z)}{z}=\frac{b_Mz^M+b_{M-1}z^{M-1}+\cdots+b_1z+b_0}{z(a_Nz^N+a_{N-1}z^{N-1}+\cdots+a_1z+a_0)} \tag{6.8}$$

然后对式(6.8)进行部分分式展开，最后把展开结果两边再乘以 z，查表获得反变换结果。这里就可以用函数 residue 求式(6.8)中$\dfrac{X(z)}{z}$的部分分式展开式，得到下面的基本形式：

$$\frac{X(z)}{z}=\frac{r_1}{z-p_1}+\cdots+\frac{r_n}{z-p_n}+k(z) \tag{6.9}$$

在查表时可能会更方便。我们可以通过下面的例题体会一下这两种方法的异同。

例 6-3 求 $X(z)=\frac{6z^3+2z^2-z}{z^3-z^2-z+1}(|z|>1)$的 Z 反变换。

解：用函数 residuez 求解时，$X(z)$的形式为 $X(z)=\frac{6+2z^{-1}-z^{-2}}{1-z^{-1}-z^{-2}+z^{-3}}$，MATLAB 程序如下：

```
num = [6 2 -1];
den = [1 -1 -1 1];
[r, p, k] = residuez(num, den)
```

运行结果产生下面的列向量：

```
r = 0.7500
    1.7500 + 0.0000i
    3.5000 - 0.0000i
p = -1.0000
    1.0000 + 0.0000i
    1.0000 - 0.0000i
k = []
```

因为 p =1.0000 为 2 重极点，所以第一个对应 $1.75/(1-z^{-1})$，第二个对应 $3.5/(1-z^{-1})^2$，部分分式展开式为

$$X(z)=\frac{0.75}{1+z^{-1}}+\frac{1.75}{1-z^{-1}}+\frac{3.5}{(1-z^{-1})^2}=\frac{0.75z}{z+1}+\frac{1.75z}{z-1}+\frac{3.5z^2}{(z-1)^2}$$

查表得

$$\begin{aligned}x(n)&=0.75(-1)^n u(n)+1.75u(n)+3.5(n+1)u(n)\\&=0.75(-1)^n u(n)+5.25u(n)+3.5nu(n)\end{aligned}$$

用函数 residue 求解时，先写出$\frac{X(z)}{z}$的表达式为$\frac{X(z)}{z}=\frac{6z^2+2z-1}{z^3-z^2-z+1}$，MATLAB 程序如下：

```
num = [6 2 -1];
den = [1 -1 -1 1];
[r, p, k] = residue(num, den)
```

运行结果产生下面的列向量：

```
r = 0.7500
    5.2500
    3.5000
p = -1.0000
     1.0000
     1.0000
k = []
```

部分分式展开式为

$$\frac{X(z)}{z}=\frac{0.75}{z+1}+\frac{5.25}{z-1}+\frac{3.5}{(z-1)^2}$$

两边乘 z，得

$$X(z)=\frac{0.75z}{z+1}+\frac{5.25z}{z-1}+\frac{3.5z}{(z-1)^2}$$

查表得

$$x(n)=0.75(-1)^n u(n)+5.25u(n)+3.5nu(n)$$

用函数 dimpulse 可以得到 Z 反变换的数值解，并通过 stem 函数画出信号波形。

6.4 系统函数

线性时不变离散时间系统零状态响应的 Z 变换 $Y(z)$ 与激励的 Z 变换 $X(z)$ 之比称为系统函数，记做

$$H(z)=\frac{Y(z)}{X(z)} \tag{6.10}$$

系统函数 $H(z)$ 是系统的单位样值响应 $h(n)$ 的 Z 变换：

$$H(z)=Z[h(n)] \tag{6.11}$$

6.4.1 系统的零点和极点

如果离散系统的系统函数 $H(z)$ 写成如下有理分式的形式：

$$H(z)=\frac{b_M z^M+b_{M-1}z^{M-1}+\cdots+b_1 z+b_0}{a_N z^N+a_{N-1}z^{N-1}+\cdots+a_1 z+a_0} \tag{6.12}$$

则 $H(z)$ 的因式分解形式为

$$H(z)=k\frac{(z-z_1)(z-z_2)\cdots(z-z_M)}{(z-p_1)(z-p_2)\cdots(z-p_N)} \tag{6.13}$$

式中：z_1，z_2，…，z_M 是 $H(z)$ 的零点，即系统的零点；p_1，p_2，…，p_N 是 $H(z)$ 的极点，即系统的极点。与连续系统中的方法一样，可以用 roots 函数求出系统函数分子和分母多项式的根，得到系统的零点和极点，再用 plot 函数在复平面上画出零极点图，零极点的图标也与连续系统相同。

用 zplane 函数可以直接画出系统的零极点图。但是，用这个函数时，系统函数一般写成式(6.5)的形式，zplane 函数中所需的分子多项式和分母多项式的系数向量要按照 z^{-1} 的升幂顺序写出。

离散系统的零极点位置对于确定系统的特性也起着非常重要的作用，如从极点的情况可以判断线性时不变离散系统的稳定性等特性。

例 6-4 系统函数为 $H(z)=\dfrac{1+z^{-1}}{1+0.2z^{-1}-0.24z^{-2}}$，求系统的零极点，并画出零极点图。

解： 用 roots 函数求零极点并画图的 MATLAB 程序如下：

```
num = [1 1 0];
den = [1 0.2 -0.24];
zs = roots(num)
```

```
ps = roots(den)
plot(real(zs), imag(zs), 'o', real(ps), imag(ps), 'x', 'markersize', 12)
```

零极点结果为：

```
zs =    0
       -1
ps = -0.6000
      0.4000
```

零极点图如图 6-1 所示。

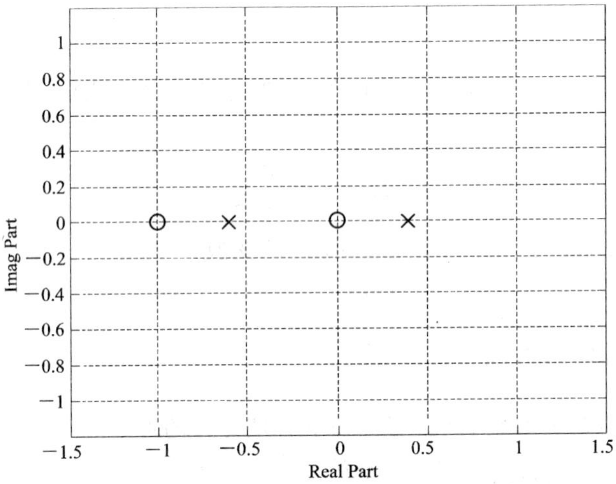

图 6-1　系统的零极点图

用 zplane 函数画零极点图的 MATLAB 程序为：

```
num = [1 1];
den = [1 0.2 -0.24];
zplane(num, den)
```

零极点图如图 6-2 所示。

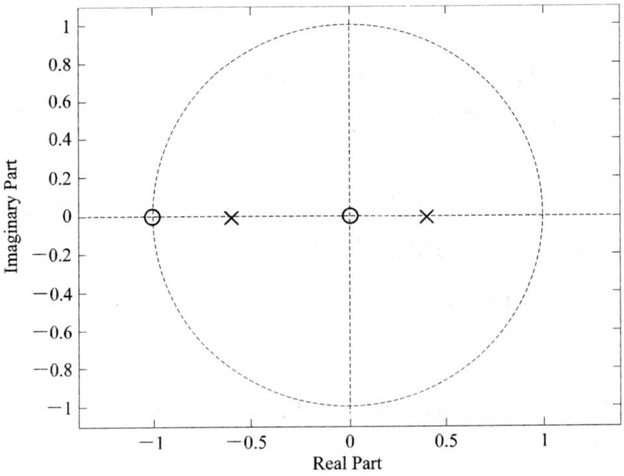

图 6-2　用 zplane 函数画出的系统零极点图

6.4.2 系统函数和系统的时域响应

已知系统函数，利用 MATLAB 可以求出离散系统对任意输入的零状态响应。这里用到的函数主要有 dimpulse、dstep 和 filter 等，与时域求离散系统响应用到的函数相同。

6.4.3 系统函数和系统的频域响应

一个因果的线性时不变离散系统，如果这个系统是稳定的，那么系统的频域响应函数可以通过系统函数 $H(z)$得到：

$$H(e^{j\omega}) = H(z)\big|_{z=e^{j\omega}} \tag{6.14}$$

即系统单位样值响应 $h(n)$的离散时间傅里叶变换。模函数$|H(e^{j\omega})|$随 ω 变化的曲线称为系统的幅频特性；辐角函数 $\varphi(\omega)$随 ω 变化的曲线称为相频特性。

用 MATLAB 的 freqz 函数可以计算系统的频率响应函数 $H(e^{j\omega})$，一旦 $H(e^{j\omega})$被确定下来，就可以做出幅度和相位曲线。应用函数 freqz 时，系统函数必须满足 $M\leqslant N$，并且写成式(6.5)的形式。如果系统函数以式(6.7)的形式给出，则乘以 z^{-N}/z^{-N}，得到下面的形式：

$$H(z) = \frac{d_N + d_{N-1}z^{-1} + \cdots + d_1 z^{-(N-1)} + d_0 z^{-N}}{a_N + a_{N-1}z^{-1} + \cdots + a_1 z^{-(N-1)} + a_0 z^{-N}} \tag{6.15}$$

若 $M=N$，则式(6.15)的分子系数 $d_i(i=0, 1, 2, \cdots, N)$等于式(6.7)的分子系数 $b_i(i=0, 1, 2, \cdots, N)$；若 $M<N$，则 $i=0, 1, 2, \cdots, M$ 时，式(6.15)的分子系数 $d_i=b_i$，$i>M$ 时，$d_i=0$。

离散时间傅里叶变换是一个周期为 2π 的周期函数，所以一般画出 $-\pi\leqslant\omega\leqslant\pi$ 或 $0\leqslant\omega\leqslant2\pi$ 范围内的频率响应曲线。

例 6-5 系统函数为 $H(z)=\dfrac{1}{1-\frac{1}{3}z^{-1}}$，求系统的频率响应。

解： 系统的频率响应函数为

$$H(e^{j\omega}) = \frac{1}{1-\frac{1}{3}e^{-j\omega}}$$

MATLAB 程序为：

```
num = [1];
den = [1 -1/3];
OMEGA = -pi : pi/150 : pi;
H = freqz(num, den, OMEGA);
clf
subplot(2, 1, 1), plot(OMEGA, abs(H));
ylabel('|H|')
```

```
xlabel('\omega')
axis([-pi pi .5 1.5])
subplot(212), plot(OMEGA, 180/pi * unwrap(angle(H)));
ylabel('Angle(H), degrees')
xlabel('\omega')
axis([-pi pi -20 20])
```

因为 angle 命令可能会产生±2π 的跃变，所以用 unwrap 命令来平滑相位曲线。

频率响应曲线如图 6 - 3 所示。

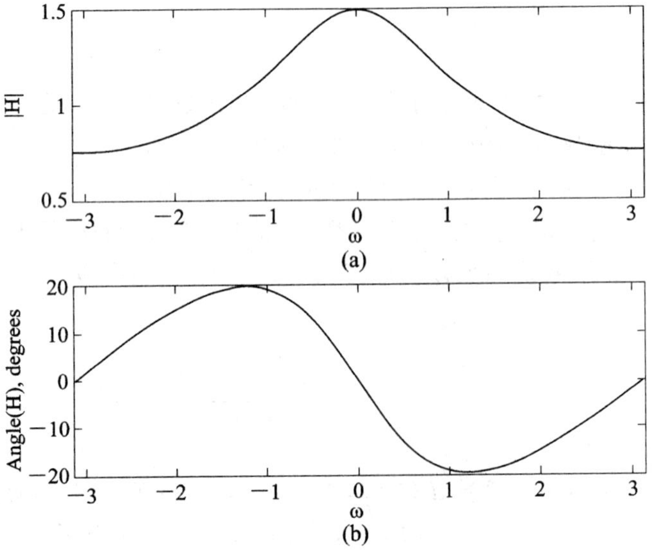

图 6 - 3　系统的频率响应曲线

图 6 - 3 中画出的是 $-\pi \leqslant \omega \leqslant \pi$ 范围内的频率响应曲线，图(a)为幅频特性曲线，图(b)为相频特性曲线。从幅频特性可以看出，这个系统呈低通特性。

6.5　系统的 Z 变换分析实例

系统的 Z 变换分析主要研究 Z 变换在离散的线性时不变系统分析中的应用。下面通过几个实例介绍 MATLAB 在系统 Z 变换分析的应用。

例 6 - 6　离散全通系统。

全通系统的定义是具有频率响应幅值等于 1 的系统，即 $|H(e^{j\omega})|=1$。现有两个不同的离散线性时不变的因果系统，它们的差分方程分别为：

系统 1：$y(n)=x(n-3)$

系统 2：$y(n)-(3/4)y(n-1)=-(3/4)x(n)+x(n-1)$

分析这两个系统：

(1) 写出这两个系统的系统函数 $H(z)$。

(2) 用 freqz 函数分别求出这两个系统的频率响应，画出幅频特性和相频特性图，比较一下这两个系统有什么不同。

(3) 定义输入信号 $x(n)=(3/4)^n u(n)$，$0\leqslant n\leqslant 50$，画出信号的波形。

(4) 用 filter 函数求出输入信号为 $x(n)$ 时，系统 1 的输出信号 $y_1(n)$ 和系统 2 的输出信号 $y_2(n)$，画出这两个输出信号的波形，这两个输出信号一样吗？

(5) 用 fft 函数计算出输入信号和两个输出信号的 DTFT 的 1024 点的样本值，将这些样本值分别存入向量 X、Y1 和 Y2 中，画出这 3 个向量的幅值图，并进行比较。

解：

(1) 通过系统差分方程的 Z 变换得到系统函数为：

系统 1：$H_1(z)=z^{-3}$

系统 2：$H_2(z)=\dfrac{-\dfrac{3}{4}+z^{-1}}{1-\dfrac{3}{4}z^{-1}}$

(2) 求系统的频率响应的 MATLAB 程序如下：

```
num1 = [0 0 0 1];
den1 = [1];
OMEGA = -pi : 2 * pi/1024 : pi;
H1 = freqz(num1, den1, OMEGA);
clf
subplot(2, 1, 1), plot(OMEGA, abs(H1));
ylabel('|H_1|')
xlabel('\omega')
subplot(2, 1, 2), plot(OMEGA, 360+180/pi * unwrap(angle(H1)));
ylabel('Angle(H_1), degrees')
xlabel('\omega')
figure;
num2 = [-3/4 1];
den2 = [1 -3/4];
OMEGA = -pi : 2 * pi/1024 : pi;
H2 = freqz(num2, den2, OMEGA);
clf
subplot(2, 1, 1), plot(OMEGA, abs(H2));
ylabel('|H_2|')
xlabel('\omega')
subplot(2, 1, 2), plot(OMEGA, 180/pi * unwrap(angle(H2)));
ylabel('Angle(H_2), degrees')
xlabel('\omega')
```

两个系统的频率响应分别如图 6 - 4 和图 6 - 5 所示。

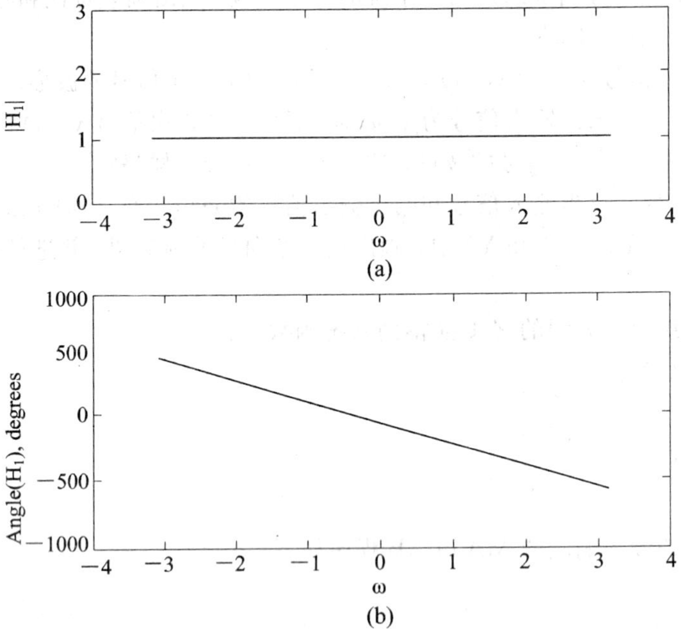

图 6-4　系统 1 的频率响应曲线

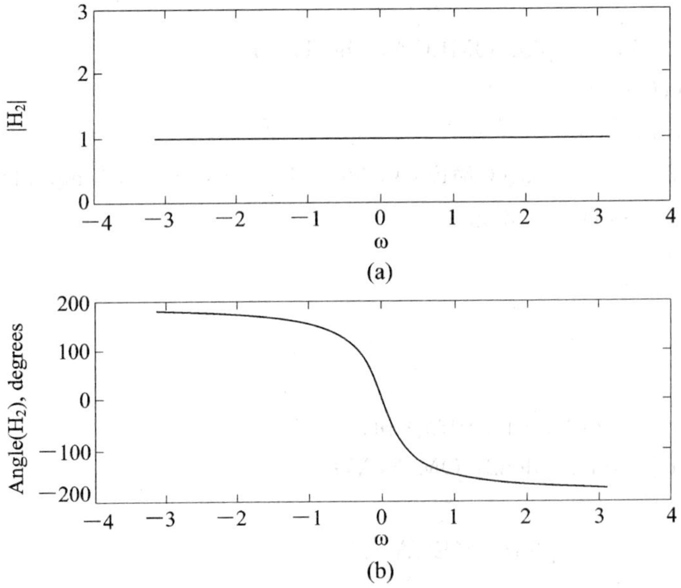

图 6-5　系统 2 的频率响应曲线

从频率响应曲线可以看出，系统 1 和系统 2 都是全通系统，但是系统 1 具有线性相位特性，系统 2 的相位特性是非线性的。

(3) 输入信号 $x(n)$的波形如图 6-6 所示。

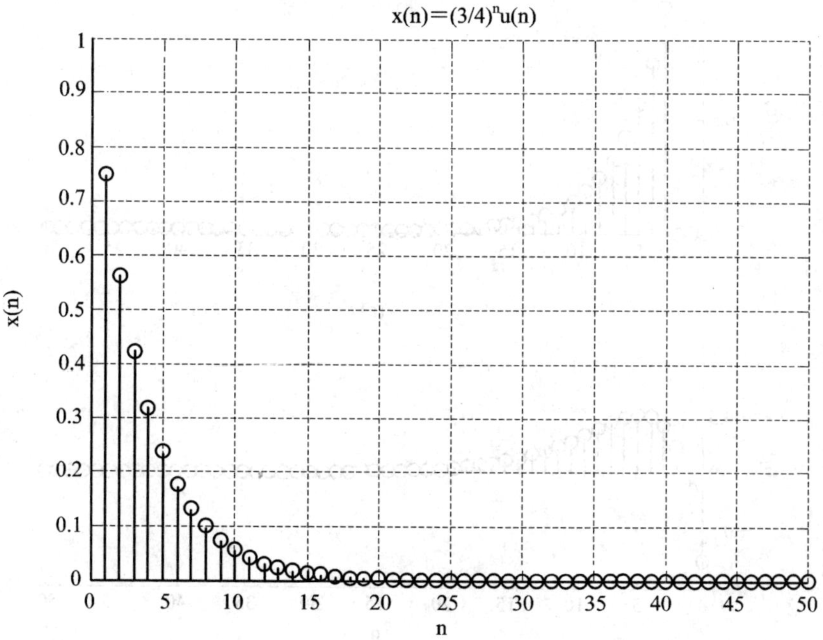

图 6-6　输入信号 $x(n)$的波形

(4) 用 filter 函数求系统输出的程序如下：

```
y1=filter(num1, den1, x)
subplot(2, 1, 1)
stem(n, y1);
xlabel('n');
ylabel('y_1(n)');
subplot(2, 1, 2)
y2=filter(num2, den2, x)
stem(n, y2);
xlabel('n');
ylabel('y_2(n)');
```

两个系统输出信号的波形如图 6-7 所示。

图 6-7 中，图(a)是系统 1 的输出信号 $y_1(n)$，图(b)是系统 2 的输出信号 $y_2(n)$。从图中可以明显看出，系统 1 的输出信号 $y_1(n)$与输入信号 $x(n)$波形相同，仅出现了一定的(3 个单位)延时，而系统 2 的输出信号 $y_2(n)$发生了失真。出现这种现象的原因是系统 2 不具有线性相位特性。

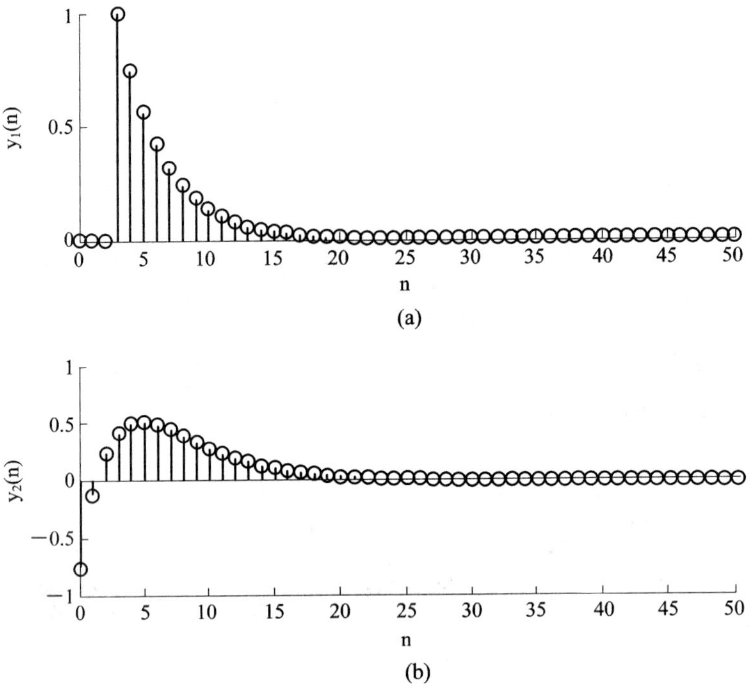

图 6-7 系统输出信号 $y_1(n)$ 和 $y_2(n)$ 的波形

(5) 用 fft 函数求输入信号和两个输出信号的 1024 点 DTFT 的程序如下：

```
figure;
w=2*pi*[0:1023]/1024;
X=fft(x, 1024);
w=w-pi;
X=fftshift(fft(x, 1024));
subplot(3, 1, 1)
plot(w, abs(X)); ylabel('|X|'); xlabel('\omega'); grid on
w=2*pi*[0:1023]/1024;
Y1=fft(y1, 1024);
w=w-pi;
Y1=fftshift(fft(y1, 1024));
subplot(3, 1, 2)
plot(w, abs(Y1)); ylabel('|Y_1|'); xlabel('\omega'); grid on
w=2*pi*[0:1023]/1024;
Y2=fft(y2, 1024);
w=w-pi;
Y2=fftshift(fft(y2, 1024));
subplot(3, 1, 3)
plot(w, abs(Y2)); ylabel('|Y_2|'); xlabel('\omega'); grid on
```

分别画出输入信号 $x(n)$、输出信号 $y_1(n)$和 $y_2(n)$的幅频特性如图 6-8 所示。

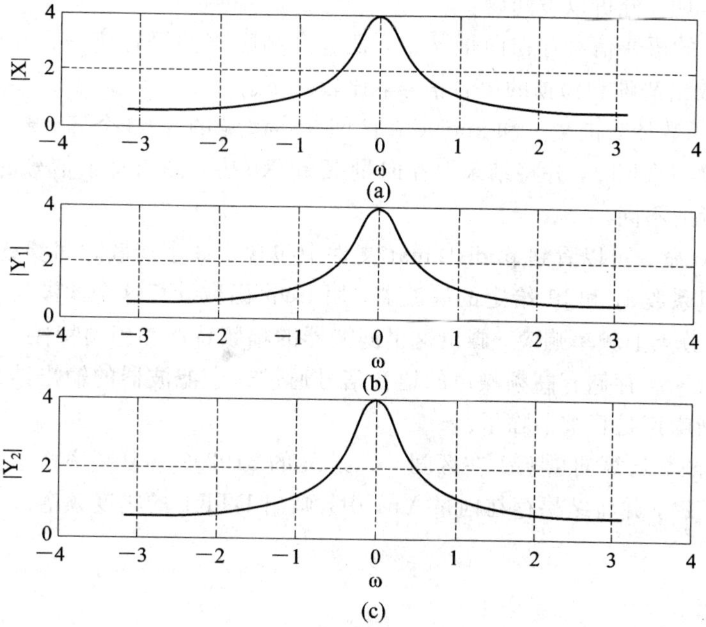

图 6-8 幅频特性

从图 6-8 可以看出，虽然这 3 个信号在时域内的波形不同，但是它们的幅度频谱是相同的。因为这两个系统都是全通系统，对信号频谱的幅度没有影响。

从这个实例可以看出，仅保证信号 DTFT 的幅值不变，并不能保证该信号在时域内不失真。

习 题

1. 求信号的单边 Z 变换。

(1) $\left(\frac{1}{3}\right)^{-n}u(n)$

(2) $\left(\frac{1}{3}\right)^{n}u(n)+\left(\frac{1}{2}\right)^{n}u(n)$

2. 求 Z 反变换。

(1) $\frac{10z^2}{(z-1)(z+1)}(|z|>1)$

(2) $\frac{z^{-1}}{(1-6z^{-1})^2}(|z|>6)$

3. 离散低通滤波器：

这个题目用到的低通离散时间滤波器的系数向量存储在文件 phdist. mat 中，它们是按照 freqz 函数和 filter 函数要求的格式存入的。另外，文件 phdist. mat 中还包含一段附加某些高频噪声的语音信号。清晰的语音信号存储在文件 orig. mat 中。在着手分析系统前，需要用 load 命令装入这些文件。

根据上述说明，分析以下问题：

(1) 把清晰的语音信号存在向量 x 中，把有高频噪声的语音信号存在向量 xnoise 中，用 sound 函数放出清晰和污损的语音信号，比较一下。

(2) 用 fft 函数计算向量 x 和 xnoise 在区间 $0 \leqslant \omega \leqslant \pi$ 的 8192 个等分频率样本上的离散时间傅里叶变换(DTFT)，并将结果存在向量 X 和 Xn 中，画出每个信号的 DTFT 的幅度频谱，比较二者的不同。

(3) 用 who 命令可以看到 phdist. mat 文件中包含了 3 个离散时间滤波器的系数向量，我们选用第一组系数 a1 和 b1 给定的滤波器。用 freqz 函数计算这个滤波器在区间 $0 \leqslant \omega < \pi$ 内的 1024 个等分点上频率响应，画出这个滤波器的幅频特性和相频特性。

(4) 用向量 yn1 存储有高频噪声的语音信号通过这个滤波器的输出结果，听一听这个输出信号，判断噪声是否被消除了。

(5) 用 fft 函数计算向量 yn1 在区间 $0 \leqslant \omega < \pi$ 的 8192 个等分频率样本上的离散时间傅里叶变换(DTFT)，并将结果存在向量 Yn1 中，画出 DTFT 的幅度频谱。

参 考 文 献

[1] (美)Edward W. Kamen，Bonnie S. Heck. 应用 Web 和 MATLAB 的信号与系统基础. 2 版. 高强，戚银城，杨志，等，译. 北京：电子工业出版社，2002

[2] (美)John R. Buck，Michael M. Daniel，Andrew C. Singer. 信号与系统计算机练习——利用 MATLAB. 刘树棠，译. 西安：西安交通大学出版社，2000

[3] 郑君里，应启珩，杨为理. 信号与系统(上、下册). 2 版. 北京：高等教育出版社，2000

[4] (美)Alan V. Oppenheim，Alan S. Willsky，With S. Hamid Nawab. 信号与系统. 2 版. 刘树棠，译. 西安：西安交通大学出版社，2003

[5] 张志涌，等. 精通 MATLAB(6.5 版). 北京：北京航空航天大学出版社，2003

[6] 张昱，周绮敏，等. 信号与系统实验教程. 北京：人民邮电出版社，2005

[7] 甘俊英，胡异丁. 基于 MATLAB 的信号与系统实验指导. 北京：清华大学出版社，2007

[8] Edward W. Kamen，Bonnie S. Heck. MATLAB Tutorial. http://users.ece.gatech.edu/～bonnie/book/TUTORIAL/tutorial.html，2008

[9] John R. Buck，Michael M. Daniel，Andrew C. Singer. Computer Explorations in Signals and Systems Using MATLAB. http://www.mathworks.com/matlabcentral/fileexchange/loadFile.do?objectId=2217&objectType=file，2008

软件工程(第二版)(邓良松) 22.00
软件技术基础(高职)(鲍有文) 23.00
软件技术基础(周大为) 30.00
嵌入式软件开发(高职)(张京) 23.00

～～～计算机辅助技术及图形处理类～～～

电子工程制图 (第二版) (高职) (童幸生) 40.00
电子工程制图(含习题集) (高职) (郑芙蓉) 35.00
机械制图与计算机绘图 (含习题集) (高职) 40.00
电子线路 CAD 实用教程 (潘永雄) (第三版) 27.00
AutoCAD 实用教程(高职)(丁爱萍) 24.00
中文版 AutoCAD 2008 精编基础教程(高职) 22.00
电子CAD(Protel 99 SE)实训指导书(高职) 12.00
计算机辅助电路设计Protel 2004(高职) 24.00
EDA 技术及应用(第二版)(谭会生) 27.00
数字电路 EDA 设计(高职)(顾斌) 19.00
多媒体软件开发(高职)(含盘)(牟奇春) 35.00
多媒体技术基础与应用(曾广雄) (高职) 20.00
三维动画案例教程(含光盘)(高职) 25.00
图形图像处理案例教程(含光盘) (中职) 23.00
平面设计(高职)(李卓玲) 32.00

～～～～～～～操 作 系 统 类～～～～～～～

计算机操作系统(第二版)(颜彬)(高职) 19.00
计算机操作系统(修订版)(汤子瀛) 24.00
计算机操作系统(第三版)(汤小丹) 30.00
计算机操作系统原理——Linux实例分析 25.00
Linux 网络操作系统应用教程(高职) (王和平) 25.00
Linux 操作系统实用教程(高职)(梁广民) 20.00

～～～～～～微 机 与 控 制 类 ～～～～～～

微机接口技术及其应用(李育贤) 19.00
单片机原理与应用实例教程(高职)(李珍) 15.00
单片机原理与应用技术(黄惟公) 22.00
单片机原理与程序设计实验教程(于殿泓) 18.00
单片机实验与实训指导(高职)(王曙霞) 19.00
单片机原理及接口技术(第二版)(余锡存) 19.00
新编单片机原理与应用(第二版)(潘永雄) 24.00
MCS-51单片机原理及嵌入式系统应用 26.00
微机外围设备的使用与维护 (高职) (王伟) 19.00
微机装配调试与维护教程(王忠民) 25.00
《微机装配调试与维护教程》实训指导 22.00

～～～～～数据库及计算机语言类～～～～～

C程序设计与实例教程(曾令明) 21.00
程序设计与C语言(第二版)(马鸣远) 32.00
C语言程序设计课程与考试辅导(王晓丹) 25.00
Visual Basic.NET程序设计(高职)(马宏锋) 24.00
Visual C#.NET程序设计基础(高职)(曾文权) 39.00
Visual FoxPro数据库程序设计教程(康贤) 24.00
数据库基础与Visual FoxPro9.0程序设计 31.00
Oracle数据库实用技术(高职)(费雅洁) 26.00
Delphi程序设计实训教程(高职)(占跃华) 24.00
SQL Server 2000应用基础与实训教程(高职) 22.00
Visual C++基础教程(郭文平) 29.00
面向对象程序设计与VC++实践(揣锦华) 22.00
面向对象程序设计与C++语言(第二版) 18.00
面向对象程序设计——JAVA(第二版) 32.00
Java 程序设计教程(曾令明) 23.00
JavaWeb 程序设计基础教程(高职)(李绪成) 25.00
Access 数据库应用技术(高职)(王趾成) 21.00
ASP.NET 程序设计与开发(高职)(眭碧霞) 23.00
XML 案例教程(高职)(眭碧霞) 24.00
JSP 程序设计实用案例教程(高职)(翁健红) 22.00
Web 应用开发技术：JSP(含光盘) 33.00

～～～～电子、电气工程及自动化类～～～～

电路(高赟) 26.00
电路分析基础(第三版)(张永瑞) 28.00
电路基础(高职)(孔凡东) 13.00
电子技术基础(中职)(蔡宪承) 24.00
模拟电子技术(高职)(郑学峰) 23.00
模拟电子技术(高职)(张凌云) 17.00
数字电子技术(高职)(江力) 22.00
数字电子技术(高职)(肖志锋) 13.00
数字电子技术(高职)(蒋卓勤) 15.00
数字电子技术及应用(高职)(张双琦) 21.00
高频电子技术(高职)(钟苏) 21.00
现代电子装联工艺基础(余国兴) 20.00
微电子制造工艺技术(高职)(肖国玲) 18.00

Multisim电子电路仿真教程(高职)	22.00
电工基础(中职)(薛鉴章)	18.00
电工基础(高职)(郭宗智)	19.00
电子技能实训及制作(中职)(徐伟刚)	15.00
电工技能训练(中职)(林家祥)	24.00
电工技能实训基础(高职)(张仁醒)	14.00
电子测量技术(秦云)	30.00
电子测量技术(李希文)	28.00
电子测量仪器(高职)(吴生有)	14.00
模式识别原理与应用(李弼程)	25.00
信号与系统(第三版)(陈生潭)	44.00
信号与系统实验(MATLAB)(党宏社)	14.00
信号与系统分析(和卫星)	33.00
数字信号处理实验(MATLAB版)	26.00
DSP原理与应用实验(姜阳)	18.00
电气工程导论(贾文超)	18.00
电力系统的MATLAB/SIMULINK仿真及应用	29.00
传感器应用技术(高职)(王煜东)	27.00
传感器原理及应用(郭爱芳)	24.00
测试技术与传感器(罗志增)	19.00
传感器与信号调理技术(李希文)	29.00
传感器技术(杨帆)	27.00
传感器及实用检测技术(高职)(程军)	23.00
电子系统集成设计导论(李玉山)	33.00
现代能源与发电技术(邢运民)	28.00
神经网络(含光盘)(侯媛彬)	26.00
电磁场与电磁波(曹祥玉)	22.00
电磁波——传输·辐射·传播 (王一平)	26.00
电磁兼容原理与技术(何宏)	22.00
微波与卫星通信(李白萍)	15.00
微波技术及应用(张瑜)	20.00
嵌入式实时操作系统μC/OS-Ⅱ教程(吴永忠)	28.00
音响技术(高职)(梁长垠)	25.00
现代音响与调音技术 (第二版) (王兴亮)	21.00

~~~~~~通信理论与技术类~~~~~~

专用集成电路设计基础教程(来新泉)	20.00
现代编码技术(曾凡鑫)	29.00
信息论、编码与密码学(田丽华)	36.00
信息论与编码(邓家先)	18.00
密码学基础(范九伦)	16.00
通信原理(高职)(丁龙刚)	14.00
通信原理(黄葆华)	25.00
通信电路(第二版)(沈伟慈)	21.00
通信系统原理教程(王兴亮)	31.00
通信系统与测量(梁俊)	34.00
扩频通信技术及应用(韦惠民)	26.00
通信线路工程(高职)	30.00
通信工程制图与概预算(高职)(杨光)	23.00
程控数字交换技术(刘振霞)	24.00
光纤通信技术与设备(高职)(杜庆波)	23.00
光纤通信技术(高职)(田国栋)	21.00
现代通信网概论(高职)(强世锦)	23.00
电信网络分析与设计(阳莉)	17.00

~~~~~~仪器仪表及自动化类~~~~~~

现代测控技术 (吕辉)	20.00
现代测试技术(何广军)	22.00
光学设计(刘钧)	22.00
工程光学(韩军)	36.00
测试技术基础 (李孟源)	15.00
测试系统技术(郭军)	14.00
电气控制技术(史军刚)	18.00
可编程序控制器应用技术(张发玉)	22.00
图像检测与处理技术(于殿泓)	18.00
自动检测技术(何金田)	26.00
自动显示技术与仪表(何金田)	26.00
电气控制基础与可编程控制器应用教程	24.00
DSP 在现代测控技术中的应用(陈晓龙)	28.00
智能仪器工程设计(尚振东)	25.00
面向对象的测控系统软件设计(孟建军)	33.00
计量技术基础(李孟源)	14.00

~~~~~~自动控制、机械类~~~~~~

自动控制理论(吴晓燕)	34.00
自动控制原理(李素玲)	30.00
自动控制原理(第二版)(薛安克)	24.00
自动控制原理及其应用(高职)(温希东)	15.00
控制工程基础(王建平)	23.00
~~~~~~